三峡库区库岸堆积体滑坡发育规律及变形破坏机制研究

罗世林　黄　达　蒋建清／**著**

西南交通大学出版社

·成　都·

图书在版编目（CIP）数据

三峡库区库岸堆积体滑坡发育规律及变形坡坏机制研
究 / 罗世林，黄达，蒋建清著. -- 成都：西南交通大
学出版社，2025.7. -- ISBN 978-7-5774-0484-4

Ⅰ. TV697.3

中国国家版本馆 CIP 数据核字第 2025MB5111 号

Sanxia Kuqu Kuan Duijiti Huapo Fayu Guilü ji Bianxing Pohuai Jizhi Yanjiu

三峡库区库岸堆积体滑坡发育规律及变形破坏机制研究

罗世林　黄　达　蒋建清　著

策划编辑	王　旻
责任编辑	王　旻
责任校对	左凌涛
封面设计	GT 工作室

出版发行　西南交通大学出版社
　　　　　（四川省成都市金牛区二环路北一段 111 号
　　　　　西南交通大学创新大厦 21 楼）
邮政编码　610031
营销部电话　028-87600564　028-87600533
网址　　　https://www.xnjdcbs.com
印刷　　　成都蜀雅印务有限公司

成品尺寸	185 mm × 240 mm
印张	12.25
字数	225 千
版次	2025 年 7 月第 1 版
印次	2025 年 7 月第 1 次
定价	68.00 元
书号	ISBN 978-7-5774-0484-4

审图号：GS 川（2025）138 号

长江三峡库区因其复杂的自然条件和地质环境，历来是滑坡灾害多发区。自 2003 年三峡库区蓄水以来，库区地质环境发生剧烈改变，库水位周期性波动加上降雨的影响，诱发了大量的堆积体滑坡。虽然自 2002 年开始，国家对库区地质灾害防治投入了大量财力物力，但是，在三峡水库长期运行过程中，仍然面临巨大的地质灾害防治压力。为此，本专著围绕三峡库区库岸堆积体滑坡发育规律及变形失稳机制研究展开，采用现场勘察、工程地质分析、统计分析、室内试验和数值模拟计算等方法，研究分析了库区堆积体滑坡的发育规律及影响因素、堆积体滑坡稳定性的基覆面形态影响规律、类直线形和上陡-下缓形基覆面堆积体滑坡的变形破坏演化机制，最后探讨了滑坡治理措施对各类基覆面形态的适用性。主要研究成果如下：

（1）基于 790 个岩体滑坡堆积体地质资料数据统计，揭示了库区堆积体滑坡主要是中型及大型滑坡，在空间上呈现出明显的区域分选性及临江发育规律，时间上具有明显的阶段性发育规律。探讨了高程、坡度、岩性、坡体结构、库水和降雨对岩体滑坡堆积体发育的影响规律。

（2）滑坡概率密度-规模遵循自组织临界性规律，滑坡规模临界面积约 $2.5 \times 10^4 \ m^2$。发现了滑坡堆积体面积与体积具有幂函数关系，论证了三参数反伽马函数较双帕雷托函数可更好地描述滑坡发育规律。

（3）根据筛选的 560 个滑坡地质数据，凝练出两种地质力学模型——下滑-抗滑模型（DRM）和全长抗滑模型（FRM），并分析了滑体渗透性和库水作用位置对其稳定性的耦合影响规律。对于 DRM 滑坡，当库水作用于抗滑段时，随滑体渗透性增加，滑坡安全系数与库水位升降的关系从正相关发展至负相关；当库水波动范围对应于促滑段时，滑坡安全系数与库水升降的关系则从正相关（滑体渗透性较差）发展至相关性不明显（滑体渗透性较好）。滑体渗透性对 FRM 滑坡稳定性的影响规律与库水作用于 DRM 滑坡的抗滑段所产生的稳定性变化规律基本相同。

（4）以塔坪滑坡为例，建立了库水-降雨耦合作用下类直线形基覆面岩体滑坡堆积体多级牵引式失稳演化机制。基于长期的监测数据分析，揭示了滑坡变形及地下水位的时空演化规律及其主要因素。采用室内试验和监测数据分析相结合的研究方法，揭示了塔坪滑坡的变形机理及失稳模式，建立了坡体前缘表层剥落-坡体前部破坏-中部破坏-滑坡整体失稳的多级牵引式滑坡演化模式。

（5）以藕塘滑坡为例，建立了库水-降雨耦合作用上陡-下缓形基覆面岩体滑坡堆积体推-拉复合式失稳演化机制。藕塘滑坡由 3 个次级滑体组成，其中一级滑体和二级滑体沿 IL1 滑动，三级滑体沿 IL3 滑动。随着高程的增加，影响滑坡地下水的因素从库水过渡至降雨。基于长期监测数据和理论分析，厘清了各级滑体变形影响因素。通过数值模拟研究，明确了库水对滑坡的影响主要集中在堆积体前部，降雨对滑坡的影响主要集中在堆积体中部和后部，滑坡在长期降雨和库水耦合作用下呈现前缘牵引（库水作用）-后部推移（降雨作用）的复合式失稳机制。

（6）减荷反压、支挡阻滑以及截排水工程是三峡库区滑坡防治措施最为常用的治理措施。减荷反压工程适用于具有较长缓倾角段的上陡-下缓形基覆面滑坡，不适用于类直线形基覆面滑坡。抗滑挡墙技术一般适用于上陡-下缓形基覆面滑坡；格构锚索（杆）支护技术在以上两类不同基覆面形态滑坡中均适用，且在基覆面倾角较陡的类直线形基覆面滑坡中更具经济性；抗滑桩技术在以上两类不同基覆面形态滑坡中均适用，若应用在上陡-下缓形基覆面滑坡，当前缘缓倾角段较长时，工程效果最佳；截排水措施在以上两类不同基覆面形态滑坡中均适用，且主要是与其他工程措施配套进行综合整治。

对于本书的出版，感谢国家自然科学基金资助项目（库区靠椅状基覆面堆积层滑坡自适应制动机制及稳定性研究，编号：42407279）、公路工程自然灾害风险普查大数据智慧应用湖南省重点实验室、土木工程智慧防灾减灾湖南省科普基地在课题研究过程中所给予的大力支持；感谢长安大学彭建兵院士、重庆大学靳晓光教授以及长沙学院匡希龙教授和雷鸣教授的悉心指导。

作　者
2025 年 2 月

目 录
CONTENTS

第 1 章
绪　论

1.1　选题背景及研究意义

　　我国是世界上受地质灾害影响最为严重的国家之一，具有灾种全、分布广、破坏性大、致灾机理复杂等特点，频发的地质灾害造成了巨大的财产损失和人员伤亡。据不完全统计，自 2007 至 2016 年 10 年间，发生在我国的各类地质灾害数量超过了 167 000 件，造成 7200 多人死亡（失踪）及 3300 多人受伤，直接经济损失更是超过了 444 亿元人民币。在众多具有重大危害的地质灾害中，如泥石流、崩塌以及地面沉降等，滑坡灾害是发生频率最高、所占比例最大的灾种。如图 1.1 所示，10 年间发生滑坡数量占各类灾害统计总量的 69.34%[1]。这些滑坡的发生给人民生命财产安全造成了巨大的损失，如 2010 年 6 月 28 日发生在贵州省关岭县岗乌镇的特大山体滑坡，造成大寨和永乐两个组的 99 名村民死亡，直接经济损失高达 1500 万元人民币[2]；再如，2008 年 11 月 23 日发生在三峡水库巫峡长江北岸的龚家坊滑坡，诱发了高达 31.8 m 的涌浪且使得航道受阻将近 2 d，导致了 500 万元人民币的经济损失[3]。

　　滑坡是指斜坡上的材料（土体、岩体或者土石混合体），由于受到外部诱发因素影响（河流冲刷、雨水入渗、地震、人类工程活动等），在自身重力作用下，沿着一定的软弱面或软弱带，整体地或者分散地顺坡向下滑动的自然现象。由此可知：滑坡事件的产生须具备有发生滑坡的物质基础和诱发滑坡的外部因素。我国陆地面积（包括山地、高原等）约占整个国土面积的 69%，为滑坡灾害的发生提供了良好的材料来源[4]。在已发生的大量滑坡中，数量多、突发性强以及持续危害性大的是堆积体滑坡，该类滑坡通常发育于第四系和近代松散堆积层中，其滑体物质组成主要包括残坡积层物、崩坡积物、冲洪积物等，其基覆面一般为滑体与下伏基岩接触面[5]。水（包括降雨、库水以及冰川消融等）被认为是诱发滑坡的重要外部因素。根据统计资料分析表明，强降雨是诱发滑坡，特别是堆积体斜坡发生变形破坏的主要因素之一[6]，60%的滑坡灾害与降雨有关[7]，如 2011 年发生的 13 902 座滑坡中灾情最为严重的时段是降雨较为集中的 9 月和 6 月[8]。因此，工程界和科学界流传着"大雨大滑，小雨小滑，无雨不滑"的俗称。此外，在我国西南地区，特别是长江流域，三峡库区（TGR）水库蓄水及后期的库水位波动被认为是诱发堆积体滑坡的又一主要因素。据不完全统计，仅在长江上游地区 100 万 km² 范围内，就发育有 1736 个滑坡，其中堆积体滑坡就有 1112 个[9]。如 2003 年 6 月发生的千将坪滑坡[10]，随后相继发现树坪滑坡[11]、塔坪滑坡[12]以及卧沙溪滑坡[13]。

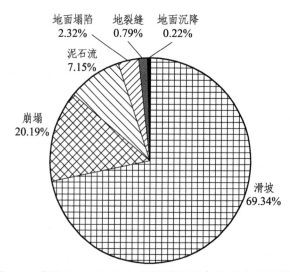

图 1.1　我国 2007 至 2016 年间地质灾害类型分布比例[1]

自三峡大坝首次试验性 135 m 蓄水成功后，库区内形成了一条始于湖北宜昌三斗坪，止于重庆江津的长达 630 km 的干流回水区。一方面三峡地区位于我国地形二、三级过渡地带，地质环境复杂，新构造运动和外动力作用活跃，强烈的河流侵蚀下切等为地质灾害的发生提供了良好的条件[14]；另一方面库区蓄水及后期库水位波动强烈地改变了库区原有水文地质环境，再加上季节性的降雨进一步地削弱了岸坡材料的物力性质。因此库区被认为是地质灾害易发区，各类地质灾害，特别是滑坡灾害（包括古滑坡复活和新滑坡产生）频繁发生[15]。据不完全统计，自 2003 年以来，库区已识别的滑坡灾害超过 5000 起，其中堆积体滑坡占比高达 80%[16]。由于三峡工程是我国乃至世界水利水电的标志性工程，具有极其重要的政治、经济、文化等地位，因此，自 2002 年开始，前两期国家专项投入三峡地质灾害治理经费 120 余亿元，后期规划地质灾害治理投入将高达千亿元。但是，三峡库区滑坡灾害具有数量多、分布广、受库水波动影响大等特点。考虑到滑坡变形和失稳造成的重大生命财产损失和不良社会影响，今后在三峡水库长期运行过程中，仍然面临巨大的地质灾害防治压力，对三峡库区堆积体滑坡发育规律、分布特征、影响因素、变形特点以及破坏机制等展开研究迫在眉睫。

1.2 国内外研究现状

1.2.1 滑坡发育特点研究

1.2.1.1 滑坡发育时-空分布规律

现今，针对滑坡发育特点的研究主要集中在滑坡时-空分布规律和尺寸分布特点上。得益于遥感技术的快速发展，谷歌图像、高精度航拍解译以及地理信息系统等技术手段被越来越多地应用于区域滑坡空间分布特点的研究。Zhang 等采用野外调查、无人机技术和现场位移监测资料等研究方法对大岗山水库库区的滑坡时空分布进行研究，发现浅层小规模滑坡/崩塌在离库水位最近的河岸上部段分布[17]；Iqbal 等利用遥感解译和野外调查相结合的方法，对我国西南部向家坝库区进行了测绘和空间分析，认为库区蓄水至正常水位后，使得将近 54% 的滑坡处于不稳定状态，这些不稳定滑坡主要分布在向家坝水库中段右侧和黄平江、大汶河等支流两侧[18]；黄润秋总结分析 20 世纪以来中国的大型滑坡分布规律，结果表明约 80% 的大型滑坡发生在环青藏高原东侧的大陆地形第一个坡降带范围内[19]；Li 等对三峡库区的滑坡空间分布特点进行了较为详细的统计分析，根据平均滑坡密度和体积密度将整个库区分为秭归—巴东段、巫山万州段以及忠县 江津段，并且认为万州以东的滑坡密度与体积要普遍高于万州以西的滑坡密度与体积[20]；Tang 认为三峡库区滑坡灾害多集中在长江及其部分支流，而万州以东地区最为常见。秭归—巴东段滑坡、岩崩现象尤为丰富。从支流来看，青干、草塘、梅溪等河流地质灾害最为频繁，是长江支流沿线山体滑坡和岩石崩塌的总数的 44.3%，是干流地质灾害总体积的 63.4%[15]；在滑坡时效分布特点研究方面 Martha 等研究了 2013 年 6 月 16 日至 17 日期间降雨与 Kedarnath 地区的滑坡事件的关系，认为强降雨在整个 Bhagirathi 和 Alaknanda 流域引发了大量滑坡灾害[21]；Jemec 和 Komac 采用两种类型的分析方法，研究了 1990—2010 年间由降雨在斯洛文尼亚引起的 400 个滑坡事件，结果认为根据边坡破坏发生的不同时期，引发边坡破坏的降雨事件可分为两组：第一组滑坡通常发生在短时高强度暴雨之后，当日降雨量超过先前降雨时，第二组包括降雨事件，其前期至少为 7 d[22]；Tang 等认为三峡库区的滑坡变形主要集中在 3 次试验性蓄水的初始阶段（2003 年，2006 年和 2008 年），且自 2009 年以来，绝大多数滑坡事件（75.7%）均发生于每年的 6—9 月[23]；Liu 等采用水槽试验设备测试了 3 种不同类型锁固段的边坡模型：无锁固段边坡（S1）、反倾锁固段边坡（S2）和带挡墙锁固段边坡（S3）在相同降雨条件下的破坏时间，认为最先破坏的是无锁固段边坡（3.6 h）、随后是反倾锁固段边坡（4 h），最后是带挡墙锁固段边坡（6 h）[24]；Carpenter 统计了美国大古水库自 1941 年首次蓄水后 12 年间的 500 个滑坡事件，认为 49%的滑坡产生于首次蓄水及以后的 2 年内[25]。

1.2.1.2　滑坡发育规模分布特点

滑坡是一种复杂的自然现象，在许多国家构成严重的自然灾害，同时滑坡在地形地貌的演化过程中也扮演着重要的角色[26]。研究滑坡规模是滑坡灾害风险评估的基础，也是分析地貌演化过程的关键参数[27]。滑坡频率-尺寸分布被认为是研究滑坡发育规模的重要量化参数，这是因为在许多情况下，复杂自然现象的频率-尺寸分布显示明确和相对简单的统计特征[28]。因此国内外诸多学者专家对其进行了不同程度的研究。Dai 等统计分析了中国香港的滑坡体积大于 4 m³ 的滑坡频率-尺寸特征，认为其服从幂律规则[29]；Guthrie 和 Evans 研究了暴雨触发因素下加拿大哥伦比亚地区的滑坡频率-尺寸关系，认为幂律特征适用于滑坡面积大于 10 000 m² 的滑坡，而针对滑坡面积小于 10 000 m² 的滑坡，其频率-尺寸曲线存在"翻转"现象[30]。针对"翻转"现象的解释一些学者认为是给定研究区中最小分辨率尺寸下的数据被删除或者过滤[31, 32]；但是 Martin 等[33]和 Guzzetti 等[34]却认为滑坡频率-尺寸中所存在的"翻转"现象不应该归结于统计数据被过滤，相反，这种现象的存在具有一定的物理原因。此外，Hovius 等也认为"翻转"现象是由一些物理因素所导致的[35]。正是因为众多研究表明滑坡频率-尺寸分布曲线普遍存在幂律部分和"翻转"部分，因此大量的统计分析模型被提出，其中应用最为广泛也最具代表性的统计模型分别是三参数反伽马模型（three-parameter inverse-gamma model）和双帕雷托模型（double Pareto model）。Malamud 等统计分析了意大利、危地马拉和美国的 3 组滑坡频率-尺寸数据，认为不同地区不同形成机理的滑坡频率-尺寸数据的特征均遵循三参数反伽马模型[36]；Stark 和 Hovius[32]统计分析了新西兰和中国台湾地区的滑坡尺寸分布特征，认为双帕雷托模型可以很好地描述该地区的滑坡频率-尺寸关系，该模型量化了较小滑坡的欠采样所产生的影响，并对较大规模滑坡的幂律关系提供了改进的估值。

1.2.1.3　滑坡发育影响因素研究

滑坡的出现受控于内部影响因素和外部诱发因素，其中内部影响因素主要包括地形地貌、地层岩性、地质构造以及岸坡结构等，外部诱发因素主要包括降雨、地震以及人类工程活动[37, 38]。

在内部影响因素研究方面，Zhang 等以中国西部黄土高原地区近期地质灾害调查资料为基础，分析了控制黄土滑坡的关键因素。研究发现，河谷演化阶段，斜坡的地质结构和斜坡的几何结构对黄土滑坡的发生、分布等特征起着决定作用[39]；Guzzotti 等对意大利中部 Upper Tiber River 盆地的滑坡分布进行了综合分析，认为斜坡破坏最为频繁的地方是在软弱岩石突出、层理混乱或无序的地方，而在岩石具有规律层理的地方，滑坡数量最多[40]；Li 等对控制三峡库区滑坡灾害发育的因素进行了统计分析，结果认为滑坡在 100 ~ 600 m 高程之间尤为丰富，由于受地形的影响，滑坡的后缘高程从库首到库尾逐渐降低，滑坡坡脚几乎全部低于历史最高水位[20]；Xu 等对巫山地区滑坡发育特征进行了统计分析，认为地层倾角在 11 ~ 50°之间，滑坡数量最多，三叠系巴东组是最易发生滑坡的地层，该地层主要以砂质泥岩和泥质岩为主，其分布面积占整个研究区地层总数的 70.6%[41]；Li 利用卫星图像、实地调查与无人机观测等手段，研究了秭归盆地的滑坡发育规律，认为 99%以上的滑坡发生在坡度小于 47°的斜坡上，大于 80%的滑坡发生在海拔 600 m 以下的斜坡上，侏罗系聂家山组极易发生滑坡[42]；蔺力研究了三峡库区丰都—涪陵段滑坡的发育特征及规律，研究结果认为侏罗系中统沙溪庙组是孕育滑坡最多的地层，所统计的滑坡中缓倾顺向层状岸坡的滑坡占比高达 50%，受坡体结构和岩性组合控制，研究区的滑坡破坏形式主要有 4 种类型，分别是：滑移-拉裂型、滑移-弯曲型、蠕滑-拉裂型以及崩塌滑坡复合型[43]；杨背背研究了万州区库岸堆积层滑坡发育规律，认为滑坡前缘高程集中在 175 m 以下，后缘高程主要集中在 205 ~ 265 m，此外，万州区主要发育大型、中型堆积体滑坡，厚度以 10 ~ 25 m 居多，面积多在 30 万 m² 以内[1]。

在外部诱发影响因素研究方面，Jakob 调查伐木对不列颠哥伦比亚省温哥华岛西海岸的 Clayoquot Sound 地区的 1004 个滑坡活动的影响，结果显示滑坡密度频率和幅度特征在受伐木活动影响的地区与未受伐木影响的地区均显示出较大差异，伐木地形中的滑坡发生频率比未受干扰的森林高 9 倍[44]；安海堂和刘平研究了人类工程对新疆伊犁地区滑坡发生的影响，认为伊犁地区对黄土滑坡的发生具有影响的人类工程活动主要有 3 方面：一是修路开挖坡脚和采矿活动，二是开挖中草药，三是牧民放牧[45]；孟晖和胡海涛统计分析了我国主要人类活动引起的滑坡灾害的发育规律，认为四川省是工程滑坡发生频次最高的省份，并将人类工程引起的滑坡类别归纳总结为：①铁路、公路建设引起的滑坡；②水利工程建设引起的滑坡；③矿产资源开发引起的滑坡；④民用建筑和城市建设引起的滑坡[46]。张茂省等指出降雨和人类工程活动是黄土滑坡的主要诱发因素，地震引起的粉尘化和振动液化效应是诱发黄土滑坡的主要原因[47]；侯景瑞统计分析了汶川地震后滑坡分布规律，认为地震滑坡在一些地方密集分布，表现为线状分布或者串珠状分布，导致滑坡具有这类空间分布特点的主要影响因素有地震烈度、断层展布以及地形等因素[48]；许冲等在汶川地震诱发滑坡遥感解译与调查统计的基础上，利用地理信息技术（GIS）对地层岩性、断裂、地震参数、地形参数、水系和人类工程活动等单个地震诱发影响因子进行确定性系数值分析，得出了单因素影响下的有利于地震滑坡的条件[49]；黄润秋和李为乐利用 GIS 技术对"5·12"汶川大地震触发的滑坡灾害分布规律进行了详细的统计分析，研究结果表明地震滑坡的分布与距发震断裂距离、坡度、高程、岩性等因素具有非常紧密的关系，同时也指出地震滑坡在区域上具有沿发震断裂带呈带状分布和沿河流水系呈线状分布的特点[50]。

1.2.2　基覆面形态对斜坡稳定性影响研究

1963 年意大利瓦伊昂水库在蓄水 3 年后发生滑坡，冲垮了包括隆加罗内在内的多个村庄，造成约 2000 人丧生[51-56]，自此以后水库诱发滑坡的研究就受到了工程界和科学界的众多专家学者的重视[57]，分别在成因机制[58-61]、复活机理[12, 62-64]、变形预测[65-68]以及灾害评价[69-72]等方面取得了大量富有成效的研究。事实上，在水库环境中，库水位升降过程中在斜坡内产生浮托力和动水压力大小不仅与水位升降幅度有关，还与基覆面特征有关[73]。众多专家学者也对斜坡基覆面形态进行了定性的描述与分类[74-81]。张忠平认为斜坡基覆面（带）位置及其形状的确定，直接控制滑坡的规模，是滑坡研究、勘察、稳定性分析及整治工程设计的一项极为重要的内容和依据[74]；陆玉珑认为各种整治滑坡工程措施的效果，主要取决于其所处的基覆面在哪一个地段。若位于基覆面前缘的平缓地段，能充分发挥滑坡体自身的抗滑能力，则工程小而易实施，且经济合理；若在基覆面中部坡度较陡地段施工，下滑力大，工程最艰巨；在后缘段坡度陡，虽工程量较小，但效果最差[82]；孙永帅和胡瑞林采用自行研制的大型推剪仪开展了一系列不同形态的基覆面情况下的土石混合体变形破坏实验研究，实验结果显示当基覆面的形态为平直状时，滑裂面与基覆面的夹角最小，最大剪应力最大，孔隙水压力变化值与土压力变化值达到最大值所需要的时间最长。当基覆面的形态为台阶状时，滑裂面与基覆面的夹角最大，最大剪应力最小，孔隙水压力变化值与土压力变化值达到最大值所需要的时间最短[62, 83, 84]；李松林等基于所收集到的三峡库区在 2003 年 6 月至 2015 年 6 月所发生变形或者破坏的 463 个滑坡，开展了不同基覆面形态对库水位升降的响应规律，结果认为库区滑坡存在 4 种典型基覆面形态：弧形、靠椅形、折线形和直线形，其中弧形与直线形基覆面滑坡是典型的动水压力型滑坡，以中部与前部涉水时产生变形为主，靠椅形基覆面滑坡和折线形基覆面滑则被认为是浮托减重型滑坡，靠椅形基覆面滑坡以前部涉水时产生变形为主[85]；汤明高等利用离心模型试验研究了三峡库区直线形基覆面在两个库水位循环下的变形特征，认为库水首次下降时斜坡变形主要表现为前部产生横向张拉裂缝，中后部位移以竖向变形为主，当进入第二次库水下降时，坡体前面发了局部失稳现象（前部沿原破裂面再次下滑并失稳），但是中后部则不再产生变形[86]；潘皇宋等进行了一系列折线形基覆面边坡在降雨和开挖条件下的变形破坏和稳定性变化的离心模型试验，结果认为由于受到降雨的影响，滑坡前部位移较大并伴随有较为严重的局部破坏，稳定性分析表明，降雨会使得折线形基覆面滑坡的不同滑段位置的稳定性系数出现不同程度降低[87]；钱灵杰研究了基覆面形态与滑坡变形及其稳定性变化特点，认为直线形基覆面滑坡变形主要发生在前期蓄水周期的水位下降段，弧形和折线形基覆面滑坡变形在水位升降段均有发育，直线形基覆面滑坡变形主要发生在水位上升段；同时认为滑坡的稳定性变化取决于基覆面形态和涉水程度[81]；O.Igwe 采用标准贯入试验、地球物理勘察以及数字高程模型等方法研究了尼日利亚东南地区的滑坡破坏模式与基岩地质条件和基覆面特征的关系[88]；Tang 统计分析了自 2003 年 6 月蓄水以来诱发的 670 个滑坡在不同基覆面形态和渗透系数下的变形规律及其水力学机理，结果表明：滑坡运动与水库蓄水过程有显著的相关性，滑坡变形主要集中在蓄水初期，三期蓄水（175 m）后，滑坡活动频率和变形程度逐渐降低；在此基础上，提出了复活滑坡诱发因素的 4 个主要组合；且认为当库水位波动率大于渗透系数时，基覆面形状为直线-圆弧-折线-靠椅形，库水对滑坡的水力作用由渗流压力效应向浮力效应转变；同时，滑坡对水库蓄水的影响由有利变为对库水位恢复有利[23]。Li 等统计分析了秭归盆地斜坡结构与基覆面形态的关系，提出了 3 种不同的模式。

1.2.3　库水波动诱发库岸变形失稳研究现状

水库灾难性滑坡的发生往往表现为库区蓄水或投入运营后，特大规模古、老滑坡的整体或者局部复活，典型实例有 1961 年 3 月湖南拓溪水库塘岩光滑坡（ $1.65 \times 10^6 \, \mathrm{m}^3$ ）、1963 年 10 月意大利 Vajont 滑坡（ $2.7 \times 10^8 \, \mathrm{m}^3$ ）以及 2003 年 7 月三峡库区千将坪滑坡（ $2.4 \times 10^7 \, \mathrm{m}^3$ ）[54, 89-92]。在美国，自 1941 年大古水库蓄水后的 12 年间，大约 500 个库岸滑坡事件被发现，其中 49% 的滑坡是在蓄水后的两年内产生，50% 的滑坡是由库区蓄水而诱发，30% 的滑坡是由库水下降了 10~20 m 而诱发[93, 94]；在日本，约 40% 的水库滑坡发生在水库蓄水初期，另外 60% 发生在库水水位骤降期间[95]；Riemer 通过对 60 座水库的库岸滑坡统计，发现 85% 的滑坡发生在水库蓄水后的两年内[96]；ICOLD 对 6 个国家 50 座水库诱发的 100 次滑坡统计发现，70% 的滑坡是古滑坡复活[97]。此外，众多学者也对意大利西北部 Aosta 河谷 Beauregerd 水库滑坡[98]，Vajont 水库滑坡[99, 100]以及加拿大 Columbia 河谷的 Downie 水库滑坡[101]进行了深入研究。总体而言，针对库水波动诱发库岸滑坡的研究，主要从库水位涨落条件下滑坡体变形响应特征、复活机理以及破坏演化等方面展开。

1.2.3.1　库水升降对库岸斜坡变形特征影响研究

滑坡表现出的阶段性变形特点往往是预警预报的现实依据，但是库岸滑坡在库水位反复变大作用下的变形响应特征往往非常多样性。许强等根据国内外研究成果和大量滑坡监测实例，认为堆积体滑坡的变形大致可以分为初始变形、等速变形和加速变形 3 个阶段[102]；杨背背通过对库区滑坡监测资料的统计分析并结合前人研究结果认为滑坡的累计位移-时间曲线形态可以分为：匀速型、加速型、减速型、回落型、阶跃型和震荡型[1]；曾裕平将滑坡累计位移-时间曲线分为 6 类，分别是：平稳型、直线形、曲线形、阶跃型、回落型和收敛型[103]；李远耀从变形的角度将滑坡累计位移曲线分为 6 类，分别是：稳定性、匀速型、减加速型、加加速型、回落型和复合阶梯型[104]；汤罗圣统计分析了大量滑坡监测曲线，归纳总结后将滑坡累计位移-时间曲线分为：稳定性、匀速型、收敛型、加速型、阶跃型和回落型[105]。除此之外，Schuster 根据对美国和加拿大滑坡的统计分析提出了 9 种库岸变形机制：岩层下错、层状滑移、碎屑滑移、土体下错、岩崩、碎屑流动、碎屑岩崩、土坡侧向扩展和淤积土流动[106]；Hu 等认为朱家店滑坡的变形率先发生在前缘，随后逐渐向后缘发展，滑坡前缘部分的破坏给坡体中部及后部变形提供了较大变形空间[107]；Tang 等通过对黄土坡的监测数据分析发现该古滑坡坡脚以 25~30 mm/y 的速度变形，认为黄土坡滑坡坡脚的防护工程可以在一定程度上改善滑坡的稳定性，水库管理应考虑库水位的快速变化对滑坡稳定性的影响[108]；易武通过对三峡库区涉水滑坡的研究，将滑坡的动态变形响应分为：退水同步型、退水滞后型、蓄水同步型和蓄水滞后型 4 类[109]；罗晓红基于大量库岸滑坡的统计调查结果，提出了 5 种滑坡变形机制：水库蓄水加暴雨组合型、蓄水加水库诱发地震组合型、动水压力诱发型、库岸再造诱发型、软化效应及悬浮减重效应诱发型[110]。

1.2.3.2 库水波动下的滑坡复活机理研究

库水波动下古滑坡的复活机理研究总体而言分为上升和下降两个部分[12, 62-64]。由库区蓄水而引起的滑坡复活一般有以下几种可能的解释。首先，库水位的突然大幅度上升迫使大量堆积体斜坡抬升其地下水位并扩大潜水层的范围，进而改变斜坡材料的饱和状态[111]。由于地下水位抬升滞后于水位抬升，斜坡堆积物中存在瞬时渗流，瞬时渗流和库水侵入引起的软化和泥化作用，使滑带土的力学强度降低，导致滑带土沿滑带土面抗剪强度恶化，有向下滑动的趋势。然后，虽然指向坡内的渗透力以及由于库水位上升而产生的外部静水压力有利于坡体稳定性[112-115]，但是由库水上升而导致的一些不利的力学行为，包括高孔隙水压力和抗滑力下降等会降低斜坡的稳定性。当前者的作用大于后者时，库水上升不利于斜坡的稳定性，反之，则有利于斜坡的稳定。因此，Song 认为持续的水位上升是诱发闫子坪滑坡快速变形的主要原因[116]；同样的情况也出现在千将坪滑坡[10, 92, 117]和瓦伊昂滑坡中[52-55]。库水位下降时斜坡沉积物的孔隙水将显示出不同步的响应。众所周知，库区水位降低时会加速对边坡稳定性的负面影响。一般而言，如果坡积体内部孔隙水对库水位缓慢下降具有较强的适应性，当水位缓慢下降时，地下水位随时间缓慢下降。由于孔隙水充分流出，边坡堆积体内部没有出现瞬时渗流，孔隙水压力及时消散。在这种情况下，斜坡沉积保持相对稳定。但是，如果出现快速下降，斜坡堆积体内部的水无法及时排出，边坡堆积体内部出现指向坡体外部瞬时渗流[118]，这种情况下就非常不利于斜坡的稳定性。其次，地下水的快速流动带走了滑带土的细小颗粒，使坡面沉积物更加松散，进一步降低了滑动阻力。从力学响应来看，大范围的潜水层会导致孔隙水压力的消散滞后于外部静水压力的降低[115]。同时，斜坡堆积体内部的瞬时渗流使渗流力沿滑动方向移动，最终，转化为蠕变/滑移运动的加速。

1.2.3.3 库水波动下的滑坡破坏机制研究

当斜坡的变形量积累到一定程度时，斜坡就会不可避免地产生破坏，因此滑坡的失稳破坏是斜坡变形从量变到质变的结果。众多学者从地质力学角度研究分析了堆积体滑坡的破坏机制。王士天等从顺层滑坡的形成条件、形成机制及启动判据等方面对顺层库岸斜边坡的破坏机制概括为：滑移-拉裂型（滑移破坏型）、滑移-弯曲型（溃屈破坏型）、滑移-压制拉裂型[80]；任光明采用物理模拟和理论分析等方法确立了溃屈破坏的力学模型及其形成机制[119]；Huang 等利用 UDEC 软件模拟分析了反倾边坡在库水波动下的破坏演化，认为坡脚侵蚀和坡肩开裂是反倾边坡破坏的最先征兆[64]；许强等采用物理模拟试验方法研究塌岸全过程，发现其一般需经历表层冲刷→浅层磨蚀→深层缓慢掏蚀与坍塌，直到最后波浪无法作用于水上坡体而趋于稳定的过程[120]；Luo 等基于长期 GPS 监测数据分析推演了塔坪滑坡的破坏演化，认为其最有可能产生牵引式破坏[12]；Sitar 利用 DDA 模拟分析了瓦伊昂滑坡的破坏模式[121]；Chen 等基于离心模型试验认为库水位上升降低了坡脚的抗滑力，并在坡脚产生裂隙，水位下降产生动水压力，降低岸坡的稳定性[122]；祁生文等认为三峡库区奉节县缓倾层状岸坡主要有 4 种破坏模式：压制拉裂、差异卸荷、重力蠕变-滑移-倾倒和结构沉陷[123]；Luo 和Huang 研究了藕塘滑坡的可能破坏模式[124]；汤明高等总结了三峡库区几种典型的塌岸模式，冲蚀磨蚀型、坍塌型、崩塌（落）型、滑移型、流土型[125]；Iqbal 等对中国西南地区向家坝古滑坡的破坏机理和稳定性进行了分析[126]；罗选红等建立了白龙江水库库区塌岸的 3 种主要模式：冲刷塌岸型、蠕动-张裂变形、牵引式滑移-拉裂错动；Wang采用野外调查、钻孔钻探和航拍解译等方法对三峡库区万州区的一个库岸滑坡进行了研究，认为前期降雨与陡坡的地质和形态特征、薄弱夹层的存在以及坡道开挖等人为干预共同造成了这场灾难[127]；Feng 等研究了三峡库区荷花池古滑坡的破坏机理，认为荷花池滑坡是由 3 个在不同时期形成的次级滑坡堆积而成的古滑坡堆积体。这 3 个次级的纵向轮廓形状相似。后一个次级滑坡的坡脚覆盖前一个次级滑坡的后缘。但是，不同的次级滑体表现出不同的失效机制，即弯曲、平面滑移和"坡脚溃屈"机制[63]。

1.2.4　降雨入渗诱发库岸变形失稳研究现状

降雨也是除库水以外的诱发滑坡发生的重要外部因素[64, 128-131]。国内外专家学者从降雨入渗规律、非饱和土力学、水在岩体裂隙中复杂的渗流问题和水-岩相互作用机理等方面进行了广泛而深入的研究。黄润秋等对三峡库区土质滑坡的降雨诱发机理进行系统研究，建立了一套由现场基质吸力观测→室内非饱和土物理力学试验→机制分析→降雨诱发边坡失稳评价的方法体系；Xia 等研究了三峡库区石榴树包滑坡的变形特点，认为降雨是影响两个浅层块体变形的主要因素，位移与降雨强度的变化呈正相关。水库水位波动是主断块形成的主要因素，变形速率与水库水位变化呈负相关，随水位升高而下降，随水位下降而增大[132]；秦洪斌归纳总结降雨对滑坡的影响主要体现在：

（1）增大容重作用。降雨在深入到滑体内的过程中，会起到饱和边坡岩土体、增大岩土体容重的作用。

（2）冲刷作用。在降雨的下降过程中，会破坏滑体表面、侵蚀坡脚、改变滑体结构等。

（3）软化作用。雨水入渗滑体以后，会使滑体内基质吸力减小而导致有效应力降低，弱化岩土体、泥化软化滑带，使黏土矿物发生水化作用导致黏聚力降低甚至消失，从而改变边坡材料的力学性能。

（4）动水压力作用。在降雨入渗过程中，水渗透力的作用非常复杂，但从滑坡诱发机制上可以概括表现为促进滑移面剪应力增大以及促使滑移面抗剪强度降低[133]。杨金研究了巴东县城缓黄土坡的复活机理，认为降雨与库水均可认为是临江 1 号崩滑体变形的主要诱因[134]；He 等研究了降雨作用下新滩滑坡和大黄牙滑坡的动力特征，发现降雨强度和降雨过程是决定这两个边坡稳定性的最重要动力因素，提出了用降雨加卸载响应比及其变化特征作为降雨诱发滑坡的前兆方法[135]；尚敏等认为连续降雨是三峡库区秭归县盐关滑坡的变形破坏触发因素，特别是在遇到连续降雨时，极有可能导致滑坡失稳破坏[136]。

1.2.5 存在的问题

国内外学者在库岸滑坡和堆积体滑坡的发育规律、滑坡形态与稳定性影响以及库水和降雨作用下斜边坡的变形失稳机制等方面开展了大量的研究工作，取得了丰硕的研究成果。但是针对三峡库区堆积体的研究仍然存在以下几点不足：

（1）在滑坡发育规律研究中，已有关于三峡库区滑坡发育规律的统计分析中几乎都只涉及某个区域或者某个库岸段，如万州区或者丰都-涪陵段。在针对整个三峡库区的滑坡发育规律研究工作偏少，考虑到不同区域的地层岩性、地形地貌等因素具有较大差异，而滑坡的发生与众多因素有关，因此已有研究所得结论缺乏适用性；此外，在针对库区滑坡的频率-尺寸（frequent-magnitude）关系是否符合自组织临界性特点还有待进一步研究。

（2）目前对于基覆面的研究主要集中于确定基覆面位置和形态、滑带土物理力学性质及物质组成等。虽然有部分研究工作涉及基覆面形态对斜坡稳定性的影响，但是鲜有文献进行系统的研究以提出根据基覆面形态特点的地质力学"概念模型"，并在此基础上研究渗透系数与库水位变化的相对关系对斜边坡的稳定性影响规律。

（3）绝大多数三峡库区滑坡诱发因素的研究主要集中在库区蓄水或者库水位波动、降雨入渗影响的单因素研究；事实上，三峡库区堆积体滑坡的阶跃式变形往往与库水位下降和季节性降雨相重合，因此进一步探明哪个因素是斜坡变形主控因素，以及该主控因素影响坡体哪一部分的变形，再根据其主控因素和变形特点推演和再现斜边坡的变形机制和失稳演化过程是非常有必要的。

1.3 研究内容及技术路线

1.3.1 主要研究内容

本书的主要研究内容如下：

（1）从整体上阐述三峡库区的自然地理和地质环境特征，以库区干流和支流的 790 处堆积体滑坡为研究样本，收集整理基础地质资料、水文气象资料、滑坡勘察资料、库区数字高程图（30×30 m）、库区地质图（1：100 万）滑坡监测资料以及相关文献资料。从滑坡的时-空分布规律和发育影响因素两个方面进行归纳总结。时-空分布特征包括乡镇分布、大小分布和厚度分布；影响因素主要分为地质环境因素和外部诱发因素，前者是滑坡发育的基础，包括地形地貌、地层岩性、坡体结构，后者是滑坡发生的诱发因素，包括降雨和库水。随后引入自适应临界组织概念，分析库区滑坡的尺寸分布特点，定量研究库区堆积体滑坡的频率-尺寸特点及产生此类特点的原因。

（2）根据三峡库区的滑坡编录资料，归纳总结出 4 种基覆面形态，统计分析基覆面形态与坡体结构的关系，并辅以典型滑坡实例分析说明其形成机制；根据基覆面形态特点提出两个地质力学"概念模型"，并在此基础上结合坡体渗透系数与库水位升降的相对大小关系（K=渗透系数/库水位升降速率），研究基覆面形态对滑坡稳定性的控制作用；

（3）减荷反压、支挡阻滑以及截排水工程是三峡库区滑坡防治最为常用的治理措施。根据不同基覆面形态的力学模型和不同滑坡治理措施的特点，讨论了各类基覆面形态堆积体滑坡所适用的治理措施。

（4）以塔坪滑坡和藕塘滑坡为例，在充分开展滑坡工程地质勘查的基础上，结合地下水监测资料、滑坡地表及深部位移监测资料、库水位和降雨资料等，分析滑坡地下水波动规律、地表以及深部位移变化特征。基于野外调查数据分析结果，利用 Python 软件进行诱发因素相关性分析，在此基础上利用通用离散元软件（UDEC）模拟研究藕塘滑坡的变形机理及其失稳演化全过程。

1.3.2 技术路线

针对本专著的研究内容，拟采用的研究方法主要包括滑坡资料收集与整理、现场勘察、工程地质分析、统计分析计算、数值模拟计算、数字高程模型等。具体研究方法及流程如下：

（1）收集整理库区数字高程图（30×30 m）、库区地质图（1:100 万数字化图），790个三峡库区库岸堆积体滑坡的地质环境资料(包括地形地貌、地层岩性、地质构造等）、气象水文资料（2003—2020 年，包括降雨监测资料和库区水位调度资料）、详细勘察资料（包括平面图、剖面图、水文地质实验数据、勘察报告等）、专业监测资料（包括地表位移、深部位移、地下水位等）以及相关的中英文文献资料。

（2）采用统计分析方法归纳总结库区堆积体滑坡的时-空分布规律。

（3）引入自组织临界（Self-Organized Criticality）概念探究滑坡频率-尺寸（包括频率-面积、频率-体积和面积-体积）特点。

（4）利用地理信息系统软件（GIS）绘制库区高程、地层岩性组合、坡度、坡体结构等的 790 个滑坡分布云图，定性和定量地统计分析影响滑坡发育的内外因素。

（5）基于已有编录的滑坡资料，统计分析各影响因素下的滑坡空间分布规律，确定基覆面形态与坡体结构的关系并辅以相应典型实例说明其形成机制。

（6）基于归纳总结的 4 种基覆面形态特点提出两个地质力学模型，采用理论分析与数值模拟相结合的方法研究分析坡体渗透系数与库水位升降的相对大小关系对滑坡稳定性的控制作用并辅以实例验证

（7）选取典型实例，采用现场勘察和地质调查方法，探明斜坡结构和物质组成以及宏观变形特征；基于长期监测数据结果，分析斜坡地表变形、深部变形以及地下水位变化规律；利用 Python 语言寻找隐含在监测数据中的变形响应与库水位和降雨的关系。

（8）采用离散元数值模拟软件，基于实时水文监测数据，模拟研究库水和降雨耦合作用下藕塘滑坡的变形机理及其失稳全过程。

第 2 章
库岸堆积体滑坡时-空分布规律及影响因素研究

自 2003 年三峡大坝修建完成并实现 135 m 试验性蓄水后，在其上游方向便形成了一个从三斗坪（湖北宜昌）延伸到猫儿峡（重庆江津）附近的纵长约 660 km 的河谷型水库，该水库水域及其边缘地带概称长江三峡库区。三峡库区由于其独特的地质环境以及水库蓄水等外部因素的影响，堆积体滑坡在三峡库区大量发育。对于三峡库区，堆积体滑坡主要包括滑坡堆积体滑坡、崩塌堆积体滑坡、崩滑堆积体滑坡、残坡积层滑坡 4 类。这些滑坡的出现给库岸两侧居民的生命财产安全、沿岸各类基础设施以及库区航道安全带来了非常严重的威胁，使得整个库区的灾害防治工作面临巨大压力，因此统计分析堆积体滑坡的发育特点及其影响因素是进行灾害评估、稳定性研究、危险性评价以及滑坡预测预报等的重要前期工作和基础。鉴于此，本章收集了三峡库区长江干流和支流 16 个区县共 790 个堆积体滑坡样本，对三峡库区库岸堆积体滑坡的时-空分布规律和影响因素进行了详细的研究分析。

2.1　堆积体滑坡样本采集及影响因素确定

本章选取 2003—2020 年间，三峡库区长江支流和干流 790 处堆积体滑坡为研究样本。在前人研究的基础上，通过文献查阅、资料收集和现场勘察等手段，获取了一部分滑坡的详细资料。此外，重庆市地质矿产勘察开发局和重庆市国土资源局均提供了大量详细的滑坡数据。得益于上述单位的大力支持，本章将对滑坡时-空分布规律及其影响因素进行全面而深入的研究分析。

　　导致滑坡失稳的因素有很多，比如地质条件、地貌特征以及外部诱发因素等。目前并没有一个统一的原则去选择或者归类影响滑坡产生的控制因素或诱发因素[20]。但是，有学者认为选择滑坡发生影响因素的原则必须基于物理关系，才能产生可靠的结果[140]。此外，考虑到三峡库区不存在导致强震的深层断裂构造和/或其他地质构造，并且本章所收集的滑坡极少是由地震引起的，因此本章在进行滑坡影响因素选择时不考虑地震因素[141]。根据前人研究基础并参考已有文献对滑坡影响因素的选择再结合三峡库区堆积体滑坡的实际条件[20，42，126]，本章选取的滑坡影响因素有 7 个，分别是：高程、坡度、岩性、坡体结构、基覆面形态、库水和降雨。

　　高程因素和坡度因素被归纳为地形地貌因素。斜坡高程数据来源于中国科学院资源与环境数据中心（http://www.resdc.cn/），该单位提供了分辨率为 30 m×30 m 的数字高程模型（digital elevation model，DEM），基于该数据，利用 ArcGIS 10.2 软件可进一步提取斜坡坡度数据。ArcGIS 中的斜坡坡度数据提取是根据典型纵断面的平均坡度，参照坡度来估算坡角。坡高由坡顶与坡脚的高程差估算，其中坡脚被定义为山谷相对滑动方向的位置。在 ArcGIS 软件中采用等间距法将边坡高度划分为 6 个等级：0～200 m、200～400 m、400～600 m、600～800 m、800～1000 m、>1000 m；采用自然间断法将坡度分为 6 类：0～8°、8～20°、20～27°、27～36°、36～47°、>47°。

　　岩性、斜坡结构和基覆面形态被选为地质参数。由于不同的地质单元具有不同的物理和水力学特性，岩性对滑坡的分布具有重要的控制作用[142]。库区岩性地层矢量数据是从文献 Hartmann 和 Moosdorf[143]中获得。将研究区地层分为 4 组岩性地层，详细特征见表 2.1，坡体结构影响滑坡的规模和破坏类型[144]。在本研究中，基于已有的 DEM数据和库区地层数据，根据地层的倾斜方向与坡向的关系，利用 ArcGIS 得到的边坡结构分为 3 组：顺向坡、逆向坡和斜向坡。基覆面形态被认为是滑坡研究中的一个非常重要的因素，该因素涉及：①斜坡稳定性计算和防治措施设计[83，145]；②试验取样、各类监测滑坡动态响应仪器安装和布设以及斜坡加固措施方案[146]；③孔隙水压力和斜坡运动特点[147-149]。根据所统计的滑坡信息，本专著将基覆面形态分为 4类：直线形、阶梯形、弧形、靠椅形。

表 2.1　研究区岩组划分表

地层年代	岩层组合	岩性描述
Pt, Ar, Nh	岩浆岩和变质岩组（MM）	花岗岩、闪长岩、辉长岩、片麻岩等
T_2b, T_{2l}, D_2c, P, C_{1-2}	泥灰岩和页岩中夹有泥岩组（MSM）	泥灰岩，灰岩，夹层与泥岩，页岩，砂岩，偶尔夹层与煤层
J_1z, $J_{1-2}z$, J_1t, J_2s, J_1b, J_2x, J_3p, J_3s, K	砂岩和泥岩与页岩夹煤层组（SMSC）	中厚层或块状砂岩、黏质粉砂岩、长石英岩-砂岩夹层含泥岩、页岩，部分夹层含煤层
Z, ∈, O, S_{1-2}, $T_{1-2}j$, T_1d, T_3xj, T_3j	灰岩和白云岩夹页岩组（LDS）	厚块状石灰岩，白云岩，泥质石灰岩和燧石石灰岩，偶尔夹层与砂岩和页岩

库水的周期性波动和季节性降雨对岸坡的稳定性都有较大的影响。在一个水文年内，三峡库区水位要经历一个水位循环，该循环可分为 4 个阶段：上升期、最高水位允许期、下降期和最低水位运行期。此外，历史记录显示，研究区年平均降雨量普遍不均匀，在 987~1258mm 之间变化。降雨量分为 4 类：<1000 mm、1000 mm、1200 和 >1200 mm。本章的库水数据源自于中国长江三峡集团有限公司（https://blog.cuger. cn/p/54193/），降雨数据来源于美国国家航天局（https://pmm.nasa.gov/precipitation-measurement-missions）。

2.2　堆积体滑坡空间分布规律

如图 2.1(a)所示，本章选取的 790 个滑坡的总体积为 3.38×10^9 m³。根据滑坡厚度分类原则：浅层滑坡（滑体厚度<6 m）；中厚层滑坡（6 m <滑体厚度<20 m）；厚层滑坡（20 m <滑体厚度<50 m）以及巨厚层滑坡（滑体厚度>50 m）[150, 151]。根据建筑边坡工程技术规范，本滑坡样本中巨型滑坡 80 个，大型滑坡 377 个，中型滑坡 264 个以及小型滑坡 69 个[见图 2.1(b)]。本滑坡样本中有 68 个浅层滑坡、303 个中厚层滑坡、378 个厚层滑坡以及 41 个巨厚层滑坡[见图 2.1(c)]。

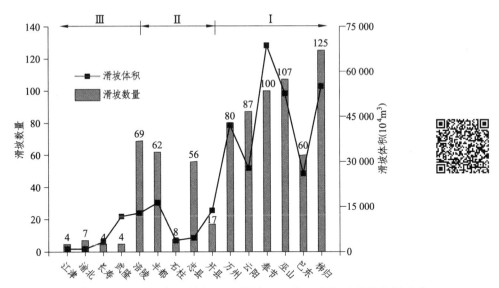

（a）2003 年 6 月至 2020 年 3 月长江三峡地区江津至秭归县滑坡空间分布

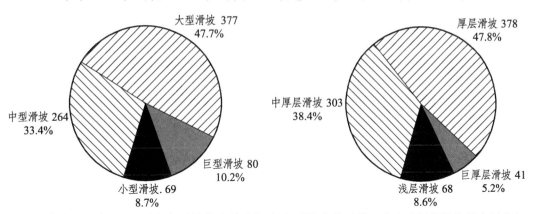

（b）滑坡数量及其百分比（根据滑坡体积划分）（c）滑坡数量及其百分比（根据滑坡厚度划分）

图 2.1　滑坡空间统计结果

　　总体而言，滑坡的空间分布与水系网络关系密切，因为大多数滑坡几乎都发生在长江及其支流附近。空间上，根据三峡库区各区县滑坡出现的统计数量可将整个库岸区域划分为 3 个不同的亚区[见图 2.1(a)]。

2.2.1　区域 I

　　区域 I 沿江长度约 310 km，从三峡大坝坝址沿长江逆流而上直至万州。该亚区以奉节县为界，从西部的峡谷到东部的宽阔山谷。前者（峡谷）以陡峭的山脉为特征，后者（宽阔的山谷）以较低的山脉和丘陵为特征。该区共发现滑坡 559 起，占滑坡总数的 70.8%，滑坡数量从秭归至万州逐渐减少。该地区每个城市和/或县有超过 60 个滑坡，表明该地区是滑坡发生频率最高的地区。其中比较典型的滑坡有树坪滑坡[11]，黄土坡滑坡[108]、塔坪滑坡[12]。

2.2.2. 区域 II

该地区共发生山体滑坡 212 起，占山体滑坡总数的 26.8%。从开县至涪陵，滑坡数量不断增加，几乎沿河道分布。该亚区有宽阔的山谷和低矮的山脉。涪陵、丰都和忠县滑坡数量较多。滑坡多为中型、大型滑坡，如丰都县的龙王庙滑坡[43]、涪陵的马柳树滑坡[152]，占该区滑坡总量的 75.3%。

2.2.3 区域 III

该亚区从武隆延伸至江津，滑坡发生的可能性较低。与前两个地区相比，滑坡的数量和规模均有所减少。水库滑坡的分布特征表明，三峡库区存在明显的区域差异。

2.3 堆积体滑坡时效分布规律

三峡库区水位蓄水共经历了 3 个阶段。一旦达到水库的最高运行水位，每年的水位在 145～175 m 之间波动。滑坡时效分布特征与初始蓄水及后续水库运行密切相关。一般情况下，滑坡大多发生在大坝建设或蓄水期间，或大坝工程竣工后两年内。如图 2.2 所示，2003 年 6 月—2004 年 9 月（第一阶段内），水库蓄水一期共发现滑坡 114 处。当水位首次上升至 135 m 时，使得低于该水位的岸坡永久饱和，边坡稳定性必然降低。千将坪滑坡是在此期间发生的极具灾害性和破坏力的滑坡[10] [见图 2.2(c)]。

第二阶段在 2006 年 10 月—2007 年 9 月之间，约发生 119 次滑坡。由于库水水位的进一步运行，导致新的滑坡不断出现，且原有的老滑坡呈现出越来越大的变形。出现在青干河（长江支流）的树坪滑坡是这一时期复活的堆积体滑坡典型代表[见图 2.2(d)]。当库水位从 145 m 首次上升到 155 m 时，树坪滑坡后缘随即产生了多组张拉裂缝。这些裂缝一般长 20～40 m，宽 5～8 cm。

在 2008 年 10 月—2009 年 9 月进行的第三次水库蓄水过程中，约触发了 211 处滑坡。龚家坊滑坡是这一时期发生的典型滑坡案例[见图 2.2(e)]。该滑坡总共经历 3 次明显的崩塌，第一次发生于 2008 年 11 月 23 日，滑坡体积 38 万 m³；第二次发生在 2008 年 11 月 25 日，滑坡体积 5000 万 m³；第三次发生在 2009 年 5 月 18 日晚上，滑坡体积 15 000 万 m³。尽管龚家坊滑坡没有对过往船只造成人员伤亡和破坏，但由于后期对堆积体的加固处理，所投入的资金高达 2000 多万元[153]。

值得注意的是，第一阶段水库蓄水后，在 2004 年 9 月—2006 年 10 月的两个水文年内，发生滑坡的个数分别为 41 和 28。2009 年 9 月—2019 年 9 月期间的年均滑坡数量约为 23 个。总体而言，63% 的滑坡发生在蓄水期间。然而，2010 年至今，当水库水位达到最高水位 175 m 时，其间 82% 的滑坡却是由库水下降而引发，其中大部分是在雨季且水库水位快速下降时观测到的。在水库水位上升期间，恰逢旱季，滑坡活动逐渐减弱。

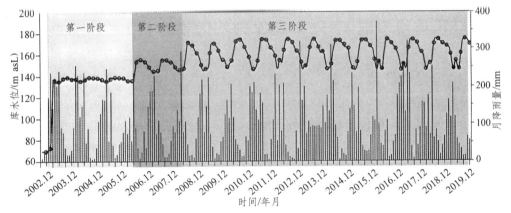

（a）2003 年 6 月—2020 年 3 月三峡库区月降雨量和水库水位的时间序列

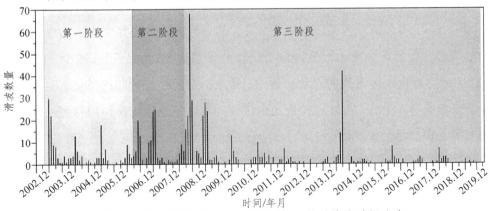

（b）三峡库区 2003 年 6 月—2020 年 3 月滑坡的时间分布

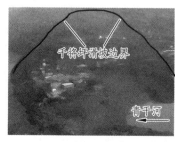 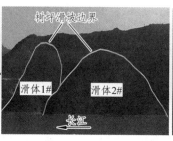 

（c）千将坪滑坡 　　　　（d）树坪滑坡 　　　　（e）龚家坊滑坡。

图 2.2 三峡库区滑坡时效分布特点

2.4 堆积体滑坡时-空分布规律影响因素分析

2.4.1 地形地貌因素

本小节阐明了高程和斜坡坡角两种地形因子与滑坡分布的相关性。图 2.3a 为三峡库区不同高程区域的滑坡空间分布图。从奉节到秭归西部的一段是地形上最高的，形成了著名的三峡。海拔由最高部分向西、向东下降，分别形成丘陵景观和中等海拔山脉。图 2.3(b)为滑坡数量与高程的统计关系。可以看出，约 97% 的滑坡发生在海拔 600 m 以下的地区，大部分发生在 200～400 m 的范围内。值得注意的是，水库最大水位为 175 m，那么第一个区间（即 0）只有部分滑坡直接受到水库水的影响。滑坡曲线呈凸形分布特征：滑坡数量随绝对高程的增加而先增加后迅速减少。高程超过 800 m 的地方发生山体滑坡的次数非常少。其原因是经过长时间的风化，较高的边坡已达到稳定状态。相反，在海拔较低的地区，边坡容易受到河流作用和侵蚀，也容易受到人类工程活动的影响[39]。

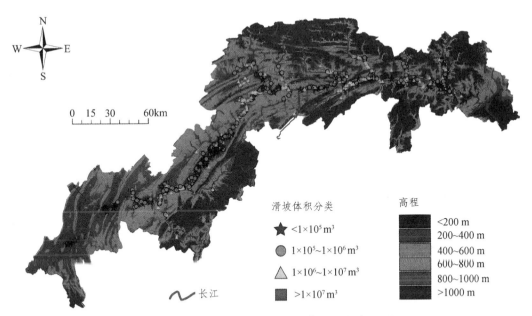

（a）研究区内不同高程下的滑坡空间分布云图

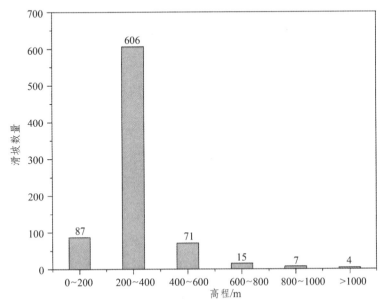

（b）研究区内高程单因素下的滑坡分布频率直方图。

图 2.3　三峡库区不同高程区域滑坡统计结果

　　基于已有数据高程模型（DEM），利用 ArcGIS 软件提取斜坡坡度数据，并使用其内置自然打断方法（natural break method）将斜坡角度分为 6 个类别，所得结果见图 2.4(a)。总体而言，万州东部坡度角在 10～30°之间，西部坡角多在 20°以下。在万州东部具有坚硬层理岩石的局部区域形成了一些高陡的河谷斜坡，如碳酸盐岩中形成 70～80°的陡边河谷。图 2.4(b)是指在斜坡坡脚单因素影响下的滑坡频率分布直方图。大约 99%的滑坡都是位于区域坡角<36°和大部分山体滑坡发生在 8～20°。随着坡角的增大，滑坡数量先增加后减少。当坡角大于 36°时，滑坡数量陡然降低。产生这种现象可能的解释是：坡角越高，通常对应的高程越高，满足了滑坡的地形条件，但缺乏滑体发生的基本材料[41]。此外，统计数据表明，当坡角<8°时，滑坡数量亦相对较小，这可能是由于较低的坡角使得其下滑力也较低，因此缓倾角斜边坡一般比较稳定。

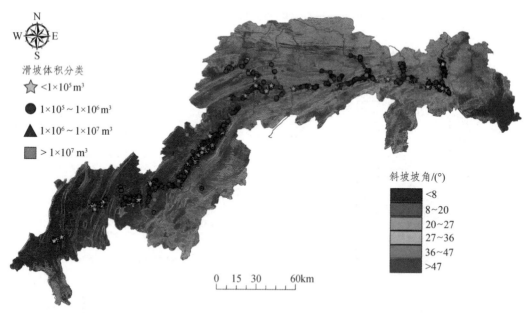

（a）研究区内不同坡度下的滑坡空间分布云图

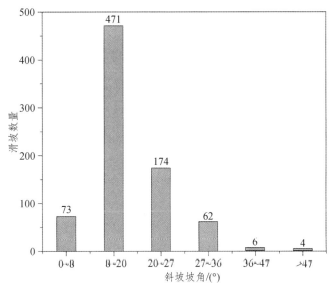

（b）研究区内坡度单因素下的滑坡分布频率直方图。

图 2.4　三峡库区不同坡度滑坡统计结果

　　研究表明三峡库区 90% 以上的滑坡坡脚高程均低于 175 m（最高水位）[20]，因此采用坡脚的高程数据对滑坡进行分类显然是不合适的。故本章采用坡顶高程对滑坡进行分类。根据分类结果，发现 >75% 的滑坡所分布的高程介于 200 ~ 400 m，产生这一现象的原因可能是由于库水位的持续波动，导致坡脚的局部破坏，坡体的稳定性降低。由于较高坡角情况下缺乏滑体发生的基本材料，同时缓倾角斜坡的下滑力不足以导致滑坡的发生，因此，根据统计结果，我们发现这两种条件下滑坡的比例相对较小。该结论与 Zhang et al[154]的研究成果不谋而合。

2.4.2　地质条件因素

　　本小节统计分析了地层岩性、斜坡结构和基覆面形态 3 种地质因子与滑坡分布的相关性。图 2.5 为三峡库区不同地层岩组下的滑坡空间分布图。三峡库区的地层露头主要是三叠系和侏罗系红层，包括砂岩、泥岩和砂岩与泥岩互层。前者（侏罗系）主要露头于奉节西部和秭归东部[见图 2.5(a)]。后者（三叠纪）出露于巴东和秭归地区的部分地区（巴东组）。从图 2.5(b) 中地层岩组与滑坡数量的统计关系可以看出，SMSC 岩组下的滑坡数量占滑坡总数的 62%。虽然在三峡库区 MSM 的分布远小于 SMSC（占三峡库区总长度的 72%），但 MSM 岩组下的滑坡百分比占总数的 28%。因此，在三峡库区中，SMSC 和 MSM 可视为易滑地层。

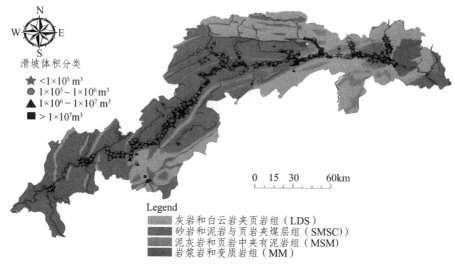

（a）研究区内不同岩组下的滑坡空间分布云图

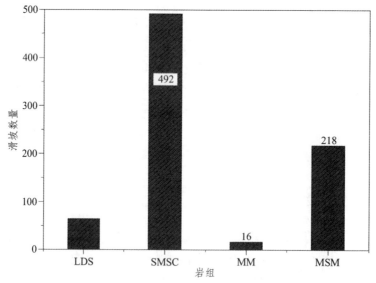

（b）研究区内岩组单因素下的滑坡分布频率直方图

图 2.5　三峡库区不同岩组滑坡统计结果

坡体结构会影响滑坡大小及其失稳模式[64]。本专著根据著名学者 Guzzetti 提出的斜坡结构分类方法，将坡体结构分为 3 类：顺向坡、逆向坡和横向坡[40]。基于数字高程模型(DEM)以及库区地层岩性矢量图,利用ArcGIS软件进行库区坡体结构云图的创建,所得结果见图2.6(a)。根据斜坡结构与滑坡频率直方图可知[图2.6(b)]:顺向边坡的滑坡个数约占总滑坡的58%,其次是逆向边坡（约占总滑坡的23%）,而横向边坡的个数仅占总滑坡的19%。统计结果表明:顺向坡比其他坡体结构更容易导致斜坡失稳。

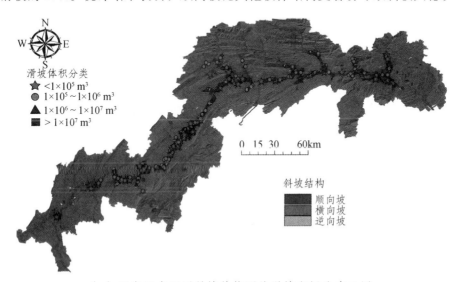

（a）研究区内不同斜坡结构下的滑坡空间分布云图

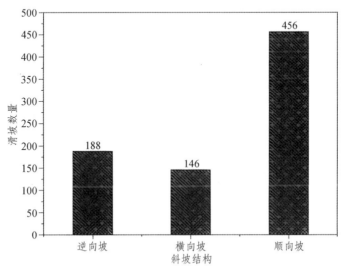

（b）研究区内斜坡结构单因素下的滑坡分布频率直方图

图2.6 三峡库区不同斜坡结构滑坡统计结果

如图 2.7(a)所示，基覆面形态分为 4 类，即直线形、阶梯形、弧形和椅形。从图 2.7(b)中基覆面形态与滑坡数量的统计关系可以看出：有 109 个滑坡具有直线形基覆面，约占总滑坡数量的 13.8%；有 207 个滑坡具有阶梯形基覆面，约占总滑坡数量的 26.2%；有 209 个滑坡具有弧形基覆面，约占总滑坡数量的 26.5%；最后有 265 个滑坡具有椅形基覆面，约占总滑坡数量的 33.5%。

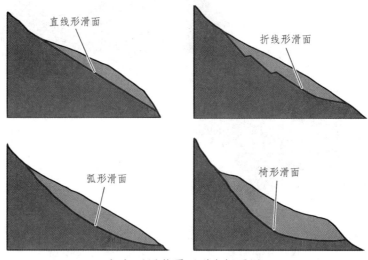

（a）不同基覆面形态概要图

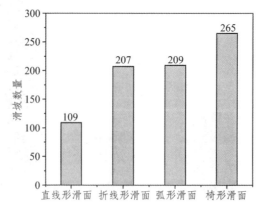

（b）研究区内基覆面形态单因素下的滑坡分布频率直方图。

图 2.7 三峡库区不同基覆面形态滑坡统计结果

地层岩性在滑坡发育和分布特点中扮演着重要作用。本小节研究发现，SMSC 和 MSM 均被认为是库区地区的易滑地层，其原因可能是软（弱）岩占比较高，材料力学性能差。SMSC 中主要以侏罗系地层为主，MSM 中以 T_2b 为主。一方面灰岩和砂岩为硬岩，泥岩为软岩且具有低渗透（即隔水层），此类软岩和硬岩互层与滑坡的发生有着紧密的联系[63, 155]。另一方面，由于页岩及泥岩互层中的矿物成分存在有较高含量的黏土矿物（如蒙脱石、伊利石等），它们在干-湿循环条件下（周期性的库水升降及季节性的降雨）极易膨胀、软化甚至解体。因此 SMSC 和 MSM 岩组被认识库区的易滑地层[14, 156]。较为典型的滑坡案例有马家沟滑坡（基岩为灰色砂岩和紫红色泥岩互层）[157]；塔坪滑坡（基岩是砂岩和页岩）[12]以及千将坪滑坡（基岩是炭质页岩和细长石-石英砂岩）[158]。进一步的统计结果表明，多数滑坡的基覆面形态为折线形、弧形和梯形。顺层边坡发生滑坡破坏的可能性较大。实际上，坡体结构与基覆面形态之间有着非常紧密的联系。前者（边坡结构）主要影响边坡失稳机制，后者（基覆面形状）被认为是边坡稳定的重要内部因素。然而，目前很少有研究工作涉及不同基覆面形态对库岸堆积体滑坡的稳定性。因此，在涉及滑坡形态和坡体结构对边坡稳定性影响方面的研究亟待进一步加深。

2.4.3　水文因素

水被认为是诱发滑坡发生的重要外部诱发因素[64]。针对库岸边坡这一特殊研究环境，本小节研究的外部诱发因子主要是库水和降雨。图 2.8 表示各水文因素影响下的滑坡频率直方图。由图 2.8(a)可知年均降雨量分为 4 个亚类。总体而言，库岸滑坡的数量会随着降雨量的增加而增加。如年均降雨量为 1100～1200 mm 时，年均最大滑坡数量为 98 个。但是一个比较有趣的现象是：当降雨量大于 1200 mm，滑坡的年均数量却只有 67 个（该数量小于降雨量在 1000～1100 mm 之间的年均滑坡数量）。其可能的解释是大多数滑坡发生在初始蓄水期间或大坝建成后的两年内，这期间的降雨量<1200 mm。库岸滑坡数量在 2010 年后，特别是 2014 年后迅速减少，而在该时期内，年均降雨量超过 1200 mm 的年份只有 2016 年。

图 2.8(b)为库水位各运行阶段下的滑坡分布频率直方图。总体而言库区水位运行阶段可分为 4 个时期：蓄水期、最高水位运行期、降水期和最低水位运行期。4 个时

期内的滑坡数量分别为 217 个、183 个、212 个和 158 个。蓄水期和降水期的滑坡数量均高于其他两个运行阶段。可能的解释是库区蓄水使得坡体前缘的大部分材料浸泡在水中，进而导致下基覆面有效应力或者抗滑力降低，且其力学强度也会降低，诱发滑坡的产生；此外，当水库水位突然下降时，边坡内（特别是滑带附近）地下水位下降滞后，导致孔隙水压力过大且产生向边坡外的渗流，进而诱发边坡失稳。

对于水库诱发的滑坡，水库水位的变动被认为是大多数滑坡复活的主要触发因素。水库运行的主要影响有两个方面：一是水库蓄水过程中水位升高，导致边坡材料饱和，岩土力学强度降低，边坡稳定性下降；二是，在降水过程中引发渗流，导致边坡内部孔隙水压力增大，材料抗剪强度降低。因此，如图 2.8(b)所示，库区降水和蓄水均具有破坏边坡稳定的能力。此外，初始 3 个蓄水阶段（135 m、156 m 和 175 m）和相应的 2~3 个周期后水库运营引发了大量的滑坡，从 2010 年至今，年均滑坡数量迅速减少，这可能是因为库岸斜坡在经过几个周期的库水循环升降后达到了平衡状态。因此，后期的主要触发因子可能被降雨所取代[20]。例如，2014 年 8 月发生了43 个滑坡案例，该月雨量达到了 205 mm。值得注意的是，对于某些滑坡，降水和（或）水库水都会影响斜坡移动的过程。虽然 175 m 蓄水后滑坡年均数量降低，但随着时间的推移，滑坡的累积数量依然会逐渐增加，因此，需要更加关注降雨和库水影响下岸坡的长期变形演化。

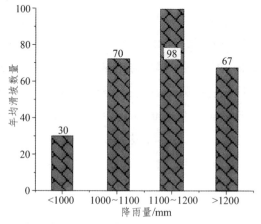

（a）研究区内降雨单因素影响下滑坡频率分布直方图

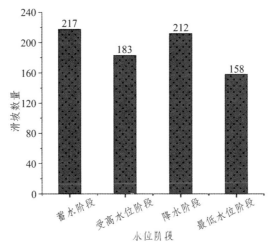

（b）研究区内库水单因素影响下滑坡频率分布直方图

图 2.8　三峡库区不同水文因素滑坡统计结果

2.5　本章小结

（1）从堆积体时-空分布规律来看，空间上，中厚层滑坡及厚层滑坡约占整个滑坡数量的 81.1%，且绝大部分库区堆积体滑坡属于中型或者大型滑坡。虽然滑坡在各区县均有发育，但是其空间分布特征呈现出明显的区域特征。大部分滑坡分布在 I 区（坝址—万州），II 区（开县—涪陵）也发育较多滑坡，滑坡发育最少的区域为III区（武隆—江津）。时效上，滑坡发育与初始蓄水及后续水库运行密切相关。三峡库区水位蓄水共经历了 3 个阶段，滑坡大多发生在库区蓄水及其蓄水后的两年内。但是，当水库水位达到最高水位 175 m 后（自 2010 年至今），超过 80% 的滑坡是由库水下降而引发，其中大部分是在雨季且水库水位快速下降时观测到。而在水库水位上升期间，恰逢旱季，滑坡活动逐渐减弱。

（2）从影响滑坡分布的地形地貌参数来看：在高程因素影响下滑坡曲线呈凸形分布特征，即滑坡数量随绝对高程的增加而先增加后迅速减少。约 97% 的滑坡发生在海拔 600 m 以下的地区，大部分发生在 200 ~ 400 m 的范围内（75%）。高程超过 800 m 的地方发生山体滑坡的次数非常少。在坡角因素影响下滑坡数量随着坡角的增加呈现出先增大后减少的特征。约 99% 的滑坡都是位于坡角<36°区域和大部分滑坡发生在

8～20°。当坡角>36°，滑坡数量陡然降低。当坡角<8°时，滑坡数量亦相对较小。

（3）从影响滑坡分布的地质条件来看：SMSC 岩组下的滑坡数量占滑坡总数的 62%。虽然在三峡库区 MSM 的分布远小于 SMSC（占三峡库区总长度的 72%），但 MSM 岩组下的滑坡百分比占总数的 28%。因此，SMSC 和 MSM 可视为易滑地层。顺向边坡的滑坡个数约占总滑坡的 58%，其次是逆向边坡（约占总滑坡的 23%），而横向边坡的个数仅占总滑坡的 19%。统计结果表明：顺向坡比其他坡体结构更容易导致斜坡失稳。孕育滑坡最多的基覆面形态是椅形，弧形和折线形基覆面孕育滑坡数量几乎一致，具有直线形基覆面的滑坡数量最少。

（4）从影响滑坡分布的水文因子来看：库水和降雨均被认为是诱发三峡库区堆积体滑坡变形或是失稳的外部诱发因素。总体而言，库岸滑坡的数量会随着降雨量的增加而增加。库水上升和下降是导致滑坡产生的最不利情况。虽然 175 m 蓄水后滑坡年均数量降低，但随着时间的推移，滑坡的累积数量依然会逐渐增加，因此，需要更加关注降雨和库水影响下岸坡堆积体的长期变形演化。

第 3 章

库岸堆积体滑坡尺寸发育特征及影响因素研究

　　自 Bak 等于 1987 年根据"沙堆"模型提出自组织临界性(Self-Organized Criticality，SOC) 这一理论以来[159]，SOC 就被众多专家学者应用在地震、泥石流以及滑坡等地质灾害领域的研究。自组织临界性是指：由大量相互作用成分组成的系统会自然地向自组织临界态发展；当系统达到自组织临界态时，即使小的干扰事件也可引起系统发生一系列灾变。Malamud 和 Turcotte[28]认为在许多情况下，复杂自然现象的频率-尺寸分布服从明确和相对简单的统计规律，如高斯分布以及幂律分布。大量滑坡统计研究表明滑坡频率（单位面积/体积下滑坡的个数）-尺寸（面积/体积）均表现出幂函数特征（ Power Law，　PL ），因此该分布特征被认为是 SOC 的"指纹"[160]。值得注意的是：目前，并没有一个完全通用的数学模型来表征滑坡频率-尺寸分布特征，但众多研究结果表明大、中型滑坡概率密度分布服从幂律衰减特征，因此三参数反伽马函数 （Three-Parameter Inverse-Gamma，TPIG ）[36, 161]和双帕雷托函数（ Double Pareto，DP ）[32]相继被提出，并被大量应用到滑坡灾害发育特征研究及灾害评估等领域。基于此并利用已有的 790 个滑坡的详细数据,本章深入研究了三峡库区库岸堆积体滑坡的尺寸发育特征。

3.1　堆积体滑坡频率-尺寸发育理论模型介绍

　　根据地震频率分布遵循 Gutenberg-Richterg 规律的特点，Malamud 和 Turcotte[28]将该规律进行了改进并提出了滑坡幂函数表达式：

$$N_L = C \times M_L^{-\alpha} \tag{3.1}$$

式中，C 和 α 表示常数；M_L 表示单个滑坡的面积或者体积；N_L 表示当滑坡尺寸（面积或者体积）不小于 M_L 的滑坡数量。

滑坡频率（也就是滑坡概率密度）及 TPIG 的计算方法及表达式分别为[36]：

$$\rho(A_L) = \frac{1}{N_{LT}} \frac{\delta N_L}{\delta A_L} \tag{3.2}$$

式中，A_L 表示单个滑坡面积；N_{LT} 表示样本内滑坡总个数（本专著取值 790）；δA_L 表示滑坡面积增量；δN_L 表示当滑坡从面积 A_L 增加至 $A_L + \delta A_L$ 内的滑坡数量。

$$p(A_L; \rho, a, s) = \left(\frac{1}{N_{LT}} \frac{\delta N_L}{\delta A_L} \right) = \frac{1}{a\Gamma(\rho)} \left[\frac{a}{A_L - s} \right]^{\rho+1} \exp\left[-\frac{a}{A_L - s} \right] \tag{3.3}$$

式中：ρ 表示控制中型和大型滑坡的幂函数衰减的参数；a 表示控制最大概率分布位置的参数；s 表示控制小型滑坡指数翻转的参数；$\Gamma(\rho)$ 是关于 ρ 的伽马函数；A_L 表示单个滑坡面积；N_{LT} 表示样本内滑坡总个数（本专著取值 790）；δA_L 表示滑坡面积增量；δN_L 表示当滑坡从面积 A_L 增加至 $A_L + \delta A_L$ 内的滑坡数量。

DP 函数表达式：

$$p(A_L) = \eta \left[\frac{[1 + (m/t)^{-a}]^{\beta a}}{[1 + (A_L/t)^{-a}]^{1+\beta/a}} \right] \times (A_L/t)^{-a-1} \tag{3.4}$$

式中，$\eta = \dfrac{\beta}{t(1-\delta)}$；$\delta = \pi(c) = \left[\dfrac{1 + (m/t)^{-a}}{1 + (c/t)^{-a}} \right]^{\beta/a}$；$a > 0, \beta > 0, 0 \le c \le t \le m \le \infty$；$c$ 和 m 无实际物理意义；a 和 β 表示和斜率有关的幂律缩放指数；t 表示翻转参数。值得注意的是：式（3.4）中的 a 的作用等同于式（3.3）中的 ρ，二者都是控制中型及大型滑坡的幂函数衰减参数；此外式（3.4）中的 β 的作用等同于式（3.3）中的 s，二者都是控制小型滑坡的指数翻转参数。

3.2 堆积体滑坡频率-尺寸特征

图 3.1 给出了三峡库区 790 个滑坡在对数坐标系下的累计滑坡频率-面积、累计滑坡频率-体积散点图。总体而言,滑坡频率-尺寸散点图是由较陡部分和平坦部分组成。前者（较陡部分）所具有的特征是：滑坡的数量随着其滑坡面积或体积的增加而急剧

减少，该特征可以用幂函数较好地拟合；后者则表示较小尺寸的滑坡数据位于幂函数曲线以下，这一现场被称为指数翻转（rollover）。翻转现象在频率-尺寸分布图中是非常普遍的特征，该特征出现在前人很多研究工作中[31，32]。指数翻转现象吸引了众多学者专家对其进行研究，希望能弄清产生这一现象的根本原因，但是遗憾的是科学界到目前为止都没有形成一个统一的认识[162，163]。此外，拟合结果也表明累计频率-面积中的幂函数指数部分的绝对值>1[见图 3.1(a)]，而累计频率-体积中的幂律函数指数部分的绝对值<1[见图 3.1(b)]，该结果与 Guo et al[160]和彭令等[27]的研究结果不谋而合。

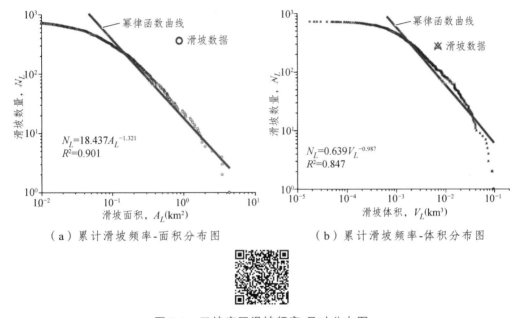

（a）累计滑坡频率-面积分布图　　　　（b）累计滑坡频率-体积分布图

图 3.1　三峡库区滑坡频率-尺寸分布图

一般来说，通过解译航拍图来确定滑坡的体积是比较困难的，但是在测量滑坡面积方面却有着非常高的精度且操作简单。事实上，滑坡体积在灾害评价和边坡加固方面是一个非常重要的参数。因此，为了更加快速、有效地获取滑坡体积的大小，国内外众多学者专家对滑坡面积和滑坡体积的关系进行了大量的统计分析，认为滑坡的这两个参数之间存在着幂函数关系[30，164，165]。基于此，通过三峡库区滑坡面积与体积两个参数的拟合，我们发现三峡库区滑坡面积与滑坡体积之间也存在着非常密切的幂函数关系。图 3.2 说明了三峡库区滑坡面积与体积之间的函数表达式为：$V_L = 10.081A_L^{1.211}$，其拟合系数高达 0.895。

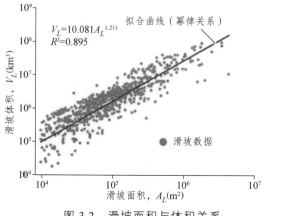

图 3.2   滑坡面积与体积关系

图 3.3 表示采用公式（3.1），（3.3）和（3.4）对滑坡概率密度-面积进行拟合的结果。通过对比 3 个曲线的拟合参数可知：采用幂函数将滑坡概率密度与滑坡面积联系起来是不合适的，因为幂函数不能反映翻转现象并且其拟合系数也相对较低（0.854）。虽然我们发现采用 DP 和 TPIG 函数进行拟合时存在两个曲线在"头部"（起始位置，指数翻转）有轻微差异的现象，但是总体而言这两个曲线都能很好地表示滑坡数据的幂律部分（对于 TPIG，$\rho+1 = 1.589$；对于 DP，$a+1 = 1.582$）并且两函数的拟合结果均具有很高的拟合系数（对于 TPIG，拟合系数是 0.985；对于 DP，拟合系数是 0.966）。表 3.1 是与 3 个函数拟合结果有关的参数拟合值。

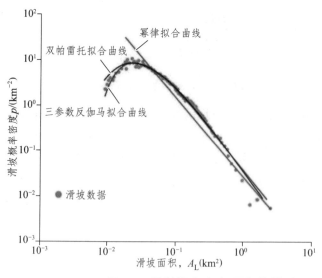

图 3.3   滑坡概率密度-面积的关系

表 3.1　3 个函数拟合结果有关的参数拟合值

函数名	参数					
幂律函数（PL）	C	α			R^2	X^2
	0.027	1.76			0.854	1.568
三参数反伽马函数（TPIG）	a	ρ		s	R^2	X^2
	0.032	0.589		0.0029	0.985	1.024
双帕雷托（DP）	c	m	t	a	β	R^2	X^2
	1.003×10^{-6}	4.713×10^3	0.129	0.582	1.017	0.966	1.163

3.3　堆积体滑坡尺寸特征影响因素研究

许多文献认为滑坡频率-尺寸图中产生指数翻转现象与给定区域中最小分辨率大小导致数据遗漏或者数据删除有关[31, 32]，但也有学者对此种解释持反对意见[33, 34]。此外，还有一些学者认为指数翻转是由某种物理因素而导致的[30, 35]。为了证明指数翻转现象不是由于数据偏差而引起且该现象与滑坡影响因素无关，本小节研究了不同因素下滑坡概率密度-面积特点。此外，利用三类函数（PL，TPIG 和 DP）对不同因素下滑坡概率密度-滑坡面积进行拟合，基于拟合相关系数进一步研究各函数的适用性。需要注意的是：为了保证滑坡数据较为充足，本小节选取各因素中最大滑坡数量作为研究对象。

3.3.1　地形地貌因素

根据图 2.3b 和图 2.4b 的统计结果可知在滑坡高程及坡角单因素影响下，滑坡数量最多的高程范围和坡角范围分别是 200 ~ 400 m 和 8 ~ 20°。前者发育有 606 个滑坡，后者是 471 个滑坡。利用该滑坡数据分别绘制在高程（200 ~ 400 m）和坡角（8 ~ 20°）单因素影响下的滑坡概率密度-面积关系图（见图 3.4）。由图可知，散点图均是由幂函数的陡峻部分和指数翻转部分组成。根据拟合相关系数可知 DP 函数和 TPIG 函数都能较好地反映滑坡概率密度-面积中的指数翻转部分和幂函数部分。

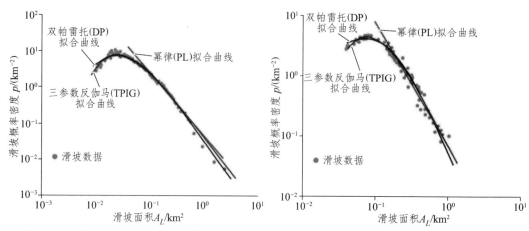

图 3.4 在高程（200～400 m）和坡角因素（8～20°）影响下的滑坡概率密度-滑坡面积关系

3.3.2 地质条件因素

地质条件因素包括岩性、斜坡结构以及基覆面形态。最大滑坡数量在各个地质因素数量分别是 495 个（SMSC）、456 个（顺向坡）以及 256 个（椅形基覆面）。图 3.5 表示各地质因素影响下最大滑坡数量所具有的滑坡概率密度-滑坡面积关系。由图可知：所有散点图均可被视为由幂函数的陡峻部分和指数翻转部分组成。一个值得注意的现象是：当滑坡数据的数量相对有限时，反伽马函数表现出更强的适用性。因为 TPIG 函数的拟合相关系数大于 DP 函数的拟合系数。这一现象在后续水文因素的数据统计结果中进一步得到了证明。

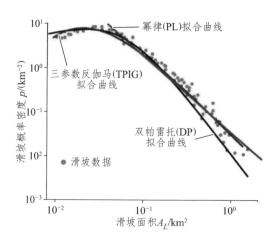

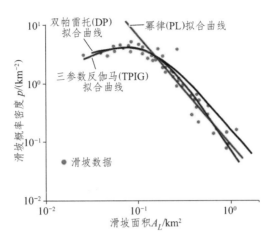

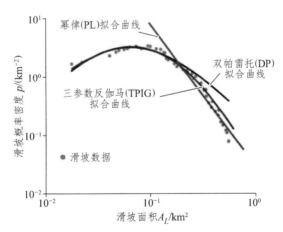

图 3.5　在岩组（SMSC）、坡体结构（顺向坡）和基覆面形态（椅形）单因素影响下的滑坡概率密度-滑坡面积关系

3.3.3　水文因素

　　库水和降雨被认为是触发库岸滑坡失稳的主要外部诱发因素。最大滑坡数量在各水文因素影响下的数量分别是 196 个（1100~1200 mm 降雨量）、217 个（蓄水阶段）。如图 3.6 所示，同样地，所有滑坡概率密度-滑坡密度散点图均由符合幂函数规律部分和指数翻转部分组成。进一步的拟合结果发现 TPIG 函数能表现出更好的普适

应。如图 3.7 所示，当滑坡数据比较丰富时 DP 函数和 TPIG 函数的拟合结果均具有较高的相关系数，说明在滑坡资料充足的情况下，这两种函数均能反映滑坡的频度特征。但当滑坡数据降低时，采用 DP 函数所得拟合相关系数下降程度较 TPIG 函数所得拟合相关系数下降程度大，说明在滑坡资料受限的条件下，TPIG 比 DP 函数更具有表征滑坡尺寸特征的优势。

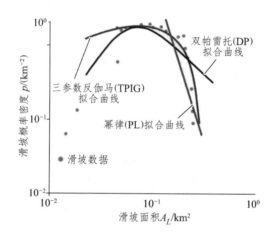

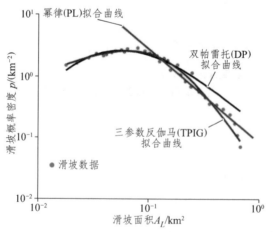

图 3.6　在降雨（1100 ~ 1200 mm）和库水单因素影响下滑坡概率密度-滑坡面积关系

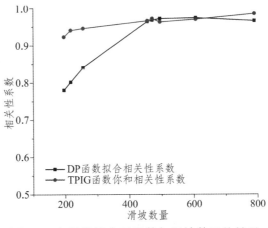

图 3.7　各函数拟合下系数与滑坡数量的关系

3.4　本章小结

（1）从滑坡发育尺寸特征来看：滑坡累计频率-滑坡面积/滑坡体积散点图均展现出自组织临界性（SOC）的特点，即由较陡部分和平坦部分组成。前者（较陡部分）所具有的特征是：滑坡的数量随着其滑坡面积或体积的增加而急剧减少，该特征可以用幂函数较好地拟合；后者则表示较小尺寸的滑坡数据位于幂函数曲线以下，这一现场被称为指数翻转（rollover）。进一步研究发现三峡库区库岸堆积体滑坡面积与体积呈现出幂函数关系。考虑到滑坡体积参数难以测量，通过建立滑坡面积与体积的幂函数关系，为滑坡体积估计提供了有效的参考。

（2）不同影响因素下滑坡概率密度-滑坡面积散点图均由幂函数部分和指数翻转部分组成，这一现象说明了指数翻转不是数据偏差的结果，同时与影响因素没有关系。此外，当滑坡资料充足的情况下，DP 函数和 TPIG 函数均能反映滑坡的频度特征。但当滑坡资料受限的条件下，TPIG 比 DP 函数更具有表征滑坡密度特征的优势。

第 4 章

库岸堆积体滑坡基覆面形态对其稳定性影响研究

众多研究显示堆积体滑坡大都为基底滑坡，也就是其滑体与基岩的交界面/带一般都被视为基覆面/带[88, 124, 168]。当前针对堆积体基覆面的研究主要集中在：①确定基覆面形态和位置[169-171]；②研究滑带土的物理力学性质[172-175]；③识别滑带土的矿物成分及微结构[176-179]。虽然，有一些滑坡案例的研究涉及基覆面形态对其失稳机理的研究，但令人惊讶的是，在涉及三峡库区不同基覆面形态对堆积体滑坡稳定性影响的研究方面一直是凤毛麟角[23, 85]。实际上，坡体结构与基覆面形态之间有着非常紧密的联系。前者（边坡结构）主要影响边坡失稳机制，后者（基覆面形状）被认为是边坡稳定的重要内部因素。鉴于第 2 章中提到基覆面形态与坡体结构的重要关系，同时考虑到渗透系数对滑坡稳定性的影响。因此，本章详细研究分析了库水作用下三峡库区不同基覆面形态、坡体结构和滑体材料的渗透性对堆积体滑坡稳定性的影响。在第 2 章和第 3 章中我们重点研究了 790 个堆积体滑坡的时空发育规律和尺寸发育特征及其影响因素。由于一些滑坡的监测数据缺乏，同时为保证所选堆积体滑坡是涉水滑坡（前缘高程低于 175 m），本章选取了其中的 560 个滑坡作为研究样本。

4.1 基覆面形态及成因机制

4.1.1 基覆面形态分类及发育特征

基覆面形态控制着斜坡的稳定性及其变形特点，其分类方法有许多种。Carter 和 Bentley 将基覆面形态分为平面形、圆弧形和不规则形[169]；陆玉珑将基覆面形态分为折线形、直线形、椅子形和倒椅子形[82]；张忠平等认为基覆面形态可归纳总结为直线形、折线形或阶梯形、圆弧形[74]；靳晓光等根据滑坡深部位移监测成果，将基覆面形态分为 B 型、D 型和 R 型[76]；严嘉敏认为三峡库区堆积层滑坡基覆面常沿表层松散堆积物与基岩间的接触面发育，主要以圆弧形、直线形、阶梯形和组合型 4 种形态为主[75]；还有其他不同的分类方案[23、73、77、81、85]。本章基于收集的大量滑坡数据，根据其基覆面倾角变化特点，归纳总结出 4 种基覆面形态：直线形、弧形、阶梯形和椅形。

如图 4.1 所示，椅形基覆面滑坡个数为 183 个（占滑坡总数 32.2%），随后，弧形基覆面滑坡个数是 163（占滑坡总数 29.1%），阶梯形基覆面和直线形基覆面滑坡的个数分别是 134 个（占滑坡总数 23.9%）和 80 个（占滑坡总数 14.7%）。

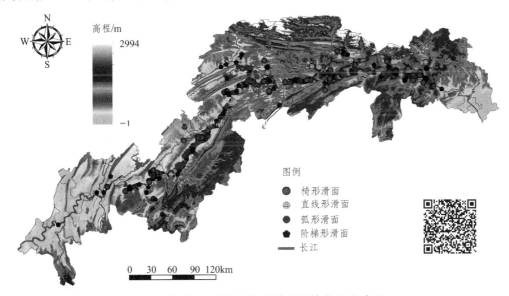

（a）三峡库区不同基覆面形态滑坡位置分布图

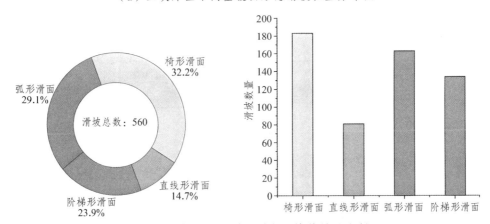

（b）研究区内不同基覆面形态滑坡数量及比例。

图 4.1　三峡库区不同基覆面形态滑坡统计结果

对于弧形基覆面形态，当滑坡为浅层滑坡时（滑体平均厚度<6 m），基覆面倾角变化不明显，弧形基覆面可简化成类直线形基覆面模型[见图 4.2(b)]；当滑坡为中厚层以上滑坡时，基覆面埋深较大，倾角由陡边缓的现象非常明显，这种情况下弧形基覆面可近似归纳为上陡-下缓形基覆面[见图 4.2(a)]

针对阶梯形基覆面，此类基覆面的每一个台阶位置很难查明，因此常将其平均值连接成直线作为斜坡稳定性分析依据。连接成多个直线段后，基覆面总体上具有中部埋深较大，后缘较陡直，前缘较浅且缓的特点，可将其概化为上陡-下缓形[见图 4.2(a)]；相反则可视为类直线形[见图 4.2(b)]。

统计结果显示椅形基覆面是发育最为广泛的一类基覆面形态[见图 4.2(a)]，具有后缘倾角大，前部倾角小且滑体厚度大的特点。椅形基覆面是典型的上陡-下缓形基覆面。

虽然直线形基覆面滑坡数量最少[见图 4.2(b)]，但是此类滑坡发生险情的可能是最高的。基覆面倾角变化不大，可视为典型的类直线形基覆面。

总体而言，根据基覆面埋深及其倾角变化是否明显的特点，弧形基覆面和阶梯形基覆面都可分别概化成类直线形和上陡-下缓形基覆面。直线形和椅形基覆面则分别是典型的类直线形和上陡-下缓形基覆面。本章重点研究上述两类基覆面模型。

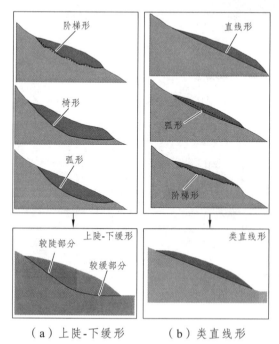

（a）上陡-下缓形　　　　（b）类直线形

图 4.2　基覆面概念模型分类及特点

4.1.2　不同基覆面形态堆积体滑坡成因机制

坡体结构与堆积体滑坡具有密切关系，不同层状或含层状岩体结构组成的斜边坡破坏模式不同，破坏后基覆面形态也不尽相同。因此，可以认为堆积体滑坡的成因模式与其基覆面形态有着非常密切的关系。为了进一步阐明基覆面形态的成因机制，本小节基于所收集的 560 个滑坡数据，统计分析不同斜坡结构破坏后其基覆面形态的占比，并结合典型案例进一步说明不同基覆面形态的形成机制。

图 4.3 表示三峡库区坡体结构与基覆面形态的统计关系。由图可知，对于椅形基覆面，其发育在顺向陡倾坡中的数量几乎是逆向坡数量的 10 倍，同时也约为顺向缓倾坡数量的 2 倍。因此，可以认为椅形基覆面主要发育于顺向坡中，尤其在顺向陡倾坡中最为常见。

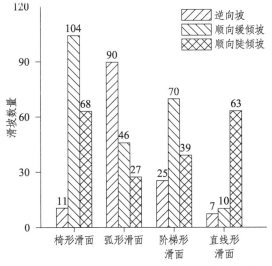

图 4.3　三峡库区坡体结构与基覆面形态的统计关系

木鱼包滑坡可被视为其典型案例[191, 192]。木鱼包滑坡位于长江右岸，地属秭归县沙镇溪镇，距三峡大坝坝址约 56 km。勘察资料显示该滑坡总体坡度为 20°，滑体主要由表层松散堆积层（粉黏土和碎石）和下部侏罗系中统、下统香溪组岩层组成（J_{1-2x}，厚层-巨厚层石英砂岩），其中石英砂岩层具有中、后部完整，前部相对破碎的特点[191, 193, 194]；基岩则由香溪组炭质粉砂岩（中、后部）和石英砂岩（前部）构成，其产状为 25°∠26°[见图 4.4(b)]。基覆面形态呈椅形，主要特点是中部及后部呈直线形且其产状与基岩产状近乎一致，前部平缓甚至反翘[见图 4.4(a)]。根据斜坡地质结构和基

覆面形态特点，木鱼包滑坡的成因模式属于典型的滑移-弯曲型，其演化过程如图 4.5
所示。木鱼包滑坡发育于顺向陡倾斜坡体中，其岩层倾角高达 26°，可以认为上覆岩体
具备沿岩层面顺向下滑的条件。但是，由于滑体下部未临空，导致上覆岩体在下滑过
程中受阻。然而，由于受到持续不断的雨水入渗、风化以及长江水流侵蚀软化等作用，
同时伴随有上覆岩体持续下滑挤压，滑体下部岩层强度降低并出现轻微隆起[见图
4.5(a)]。长此以往，滑体下部岩层裂缝进一步扩展、搭接且岩层弯曲隆起更加剧烈[见
图 4.5(b)]，并逐渐发展为挤压破碎与剪断溃屈[见图 4.5(c)]。总体而言，木鱼包滑坡的
演化过程经历蠕滑、弯曲隆起和溃曲破坏 3 个阶段。在斜坡发生溃曲破坏后，部分滑
体就会滑入甚至堵塞长江[见图 4.5(c)中虚线部分]，该部分滑体后来由于受到长江水流
持续不断的切割、侵蚀，剩下前部岩体隆起并弯曲内倾、中后部顺倾的堆积体滑坡[见
图 4.5(d)]。

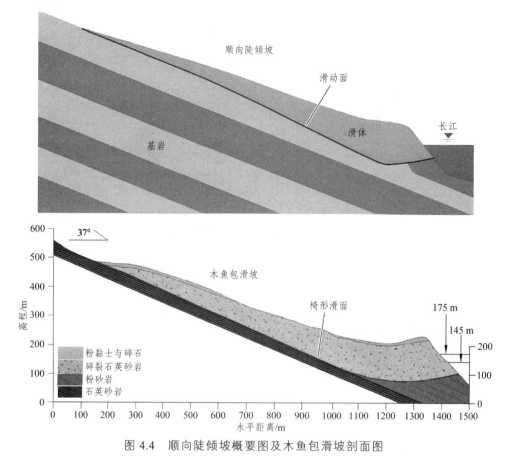

图 4.4　顺向陡倾坡概要图及木鱼包滑坡剖面图

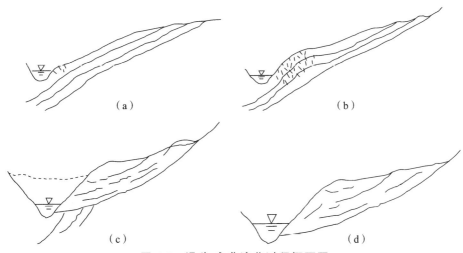

图 4.5　滑移-弯曲演化过程概要图

对于弧形基覆面[见图 4.6(a)]，发育在反倾坡中的数量最高，其个数分别约为顺向陡倾坡和顺向缓倾坡的 2 倍和 3 倍。因此，可以认为反倾斜坡失稳破坏后，其基覆面形态呈弧形的可能性最高。树坪滑坡可视为其典型案例[195, 196]。树坪滑坡位于湖北省秭归县境内长江干流右，距三峡大坝 47 km。树坪滑坡属逆向结构岸坡，平均坡度约为 22°，其滑坡前缘高程 175 m 以下地形较陡，坡度为 20～30°。[见图 4.6(b)]，该滑坡滑体物质由碎石土夹块石组成，基岩主要由三叠系中统巴东组上段的泥岩及粉砂岩（T_2b^3，170°∠12°）、三叠系中统巴东组中段的灰岩及泥灰岩（T_2b^2，170°∠15°）以及三叠系中统巴东组下段的粉砂岩夹泥岩及页岩（T_2b^1，170°∠12°）。因此，树坪滑坡的基岩是由软硬相间岩层组成，基覆面形态呈弧形，主要特点是基覆面倾角由有缘至前缘逐渐降低。根据斜坡结构、基岩岩性及基覆面形态特点，树坪滑坡的成因模式属于典型的弯曲-拉裂型，其演化过程可概化为：在反倾结构斜坡中，受自重弯矩影响，岩体向其临空方向产生弯曲变形。树坪滑坡基岩为软硬相间层状岩体，因此岩层会产生差异变形，主要表现为岩层顺斜坡向下弯曲折断且后缘形成张拉裂缝[见图 4.7(a)]。随着变形的不断发展，弯曲破坏逐渐由表层向深部转移，岩层折断后所形成的破裂面逐渐连接、贯通形成连续的滑移面[见图 4.7(b)]，而后此滑移面逐渐转化为斜坡变形的主要控制面，弯曲-拉裂最终转化成类似于蠕滑-拉裂的变形机制[见图 4.7(c)]，形成弧形基覆面[见图 4.7(d)]。

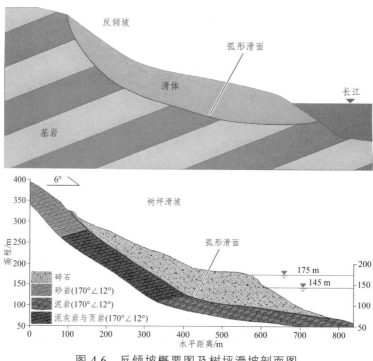

图 4.6　反倾坡概要图及树坪滑坡剖面图

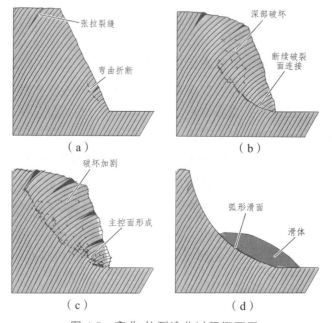

图 4.7　弯曲-拉裂演化过程概要图

　　对于阶梯形基覆面[见图 4.8(a)]，图 4.3 的统计结果显示发育在顺向陡倾坡中的数量几乎是逆向坡数量的 10 倍，同时也约为顺向缓倾坡数量的 2 倍。因此，可以认为阶梯形基覆面主要发育于顺向坡中，其在顺向陡倾坡中尤为常见。金乐滑坡可视为其典型案例[197-200]。金乐滑坡位于三峡库区湖北省兴山县长江支流香溪河左岸。[见图 4.8(b)]显示金乐滑坡滑体组成物质主要是灰褐色和棕黄色的碎石土，基岩部分主要是侏罗系中统香溪组（J_2x）厚层状灰黄色长石细砂岩和薄～中等厚度层状紫红色泥质粉砂岩。该滑坡属顺向陡倾坡，基岩倾角高达 50°。基覆面形态为阶梯形，其倾角具有陡缓相间的特点，总体呈后陡前缓。资料显示金乐滑坡基岩中构造裂隙发育，主要发育有 3 组裂隙，其发育密度一般 1～4 条/m，局部高达 3～4 条/m[201]。由于上述构造裂隙的穿切，使得岩体完整性降低，结合斜坡结构和基覆面形态，认为其形成模式属于崩塌-滑移型，其演化过程可概化为[197，199]：滑坡区后缘厚度大、顺向陡倾且构造裂隙发育的长石细砂岩多次崩塌并顺坡向堆积加载[见图 4.9(a)]→香溪河下切作用加强导致临空面进一步发育，斜坡平衡条件逐渐遭到破坏，斜坡前缘出现拉裂变形[见图 4.9(b)]→持续的上部崩塌加载、降雨入渗以及前缘河流冲蚀等影响，破坏坡体下部平衡，使其率先产生滑动[见图 4.9(c)]→下段斜坡破坏后为其剩余斜坡变形提供了有利条件（临空面），进而牵引滑坡上段的下部堆积体滑移变形，致使滑坡下段后缘被滑坡上段堆积物掩盖或者堆积[见图 4.9(d)]。

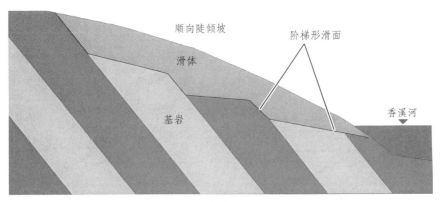

（a）

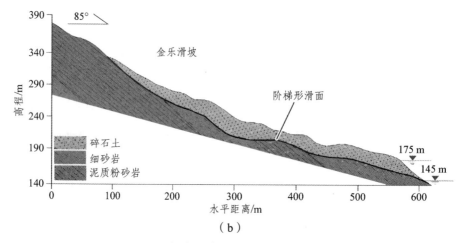

（b）

图 4.8　顺向陡倾坡概要图及金乐滑坡剖面图

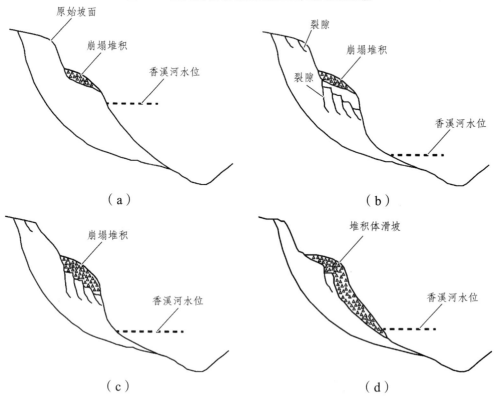

图 4.9　崩塌-滑移演化过程概要图

对于直线形基覆面，统计结果表明发育在顺向缓倾坡中的数量最高，其个数分别约为顺向陡倾坡和逆向坡个数的 10 倍。因此，直线形基覆面主要发育存在于顺向缓倾斜坡中。马家沟滑坡可视为其典型案例[157, 202-204]。马家沟滑坡位于湖北省秭归县归州镇长江支流吒溪河左岸，为一典型的堆积体滑坡。如图 4.10 所示，马家沟滑坡属顺向缓倾坡，滑体材料主要是松散碎石土，其渗透系数最高可达 5.0×10^{-3} m/s，基岩为晚侏罗系遂宁组灰色砂岩及紫红色泥岩互层。文献资料显示基岩风化程度较高且裂隙发育，此外泥岩易软化且强度较低[203, 205]。基覆面形态为直线形，其倾角从坡体后缘至滑坡前部基本保持一致。勘察资料显示马家沟滑坡后缘无陡深沟槽，结合基覆面形态和坡体结构，认为其形成模式属于滑移-拉裂型，其演化过程可概括为：马家沟滑坡基岩为泥、砂岩互层，其下伏基岩中的软弱岩层面往往是控制性滑移面[见图 4.11(a)]。持续不断的库水下切使得坡体前缘临空条件较好，在自重作用与降雨条件下，上覆岩体的下滑力超过该面的抗剪力时，斜坡岩体就会沿软弱层面产生滑移变形，坡体后部形成拉裂缝[见图 4.11(b)]，随着变形的不断发展，后缘拉裂缝持续扩大且往深部发展，当其与软弱面贯通时，斜坡失稳破坏[见图 4.11(c)]。破坏后形成的堆积体滑坡在库水升降作用下，再次发生复活变形[见图 4.11(d)]。

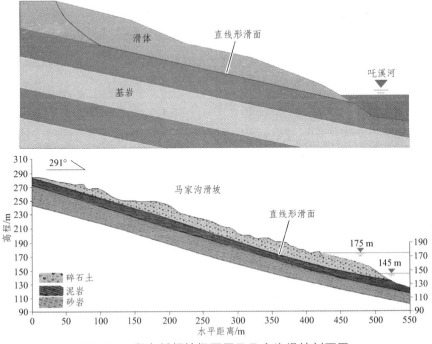

图 4.10 顺向缓倾坡概要图及马家沟滑坡剖面图

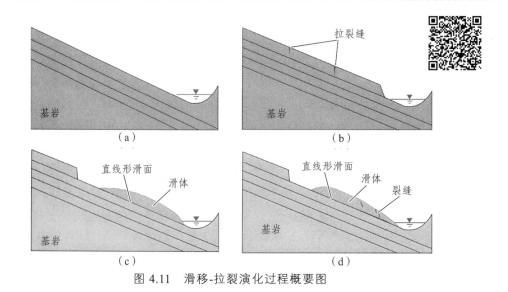

图 4.11   滑移-拉裂演化过程概要图

4.2   库水作用下不同基覆面形态堆积体稳定性变化理论分析

4.2.1   地质力学模型

库水波动对库岸堆积体滑坡稳定性影响主要可分为两个阶段：蓄水阶段和降水阶段。蓄水阶段会使斜坡材料饱和并降低其有效应力，进而降低堆积体稳定性[113, 206, 207]，此影响可归结为浮托作用导致的坡体稳定性下降。实际上，蓄水过程中所产生的指向坡内的渗透压又能够提高坡体稳定性[112, 208]。相反，当水库处于降水阶段时，指向坡体外部的渗流力以及去扶壁效应在坡脚处会相当明显，此类影响可归结为库水位降低导致向外的渗透压或者动水压力，进而降低坡体稳定性[112]。然而，库水位下降会使得前缘被淹没的坡体部分减少，降低滑体含水量，坡体材料强度会产生不同程度的恢复，从而提高其稳定性[23]。因此，库水位波动对斜坡稳定性的影响是变化的，是不确定的，而导致这种现象的最主要的原因是库水波动所产生的浮托作用和渗流作用对斜坡稳定性影响主控情况不明。

为详细探明并阐述库水波动下不同基覆面形态的稳定性变化规律，本小节根据归纳总结出 4 类基覆面的倾角变化特点凝练出两种地质力学模型。对于椅形基覆面、弧形基覆面和阶梯形基覆面，其基覆面倾角总体上呈现出中部及后部较陡，前部缓的特点。位于较陡基覆面上的滑体部分称为下滑段（downslide segment），覆盖在平缓基覆面的滑体部分称为抗滑段（resistant segment），即 downslide- resistant model。下滑段上的滑体下滑力往往大于其抗滑力，会产生额外的向下推力，而抗滑段滑体通常提供了更高的阻滑力，有助于防止下滑段移动和提高边坡稳定性[209][见图 4.12(a)]。对于直线形基覆面，其基覆面倾角从坡顶至坡脚几乎保持一致，且从前述统计分析可知此类基覆面常发育于缓倾角顺向坡中。前人研究表明，对于缓倾顺向结构堆积体，基覆面倾角 θ 往往低于其内摩擦角 φ[23, 81, 210, 211]。根据刚体极限平衡理论可知缓倾顺向结构堆积体一般处于自锁或者自稳定状态（$\tan\theta < \tan\varphi$），且抗滑力均匀分布在整个基覆面。因此，可认为整个基覆面均为抗滑段[82, 85]，故将其称为全长抗滑模型（full resistant model）[见图 4.12(b)]。

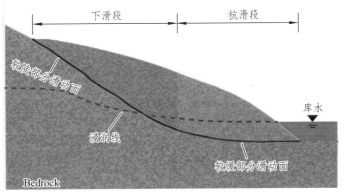

（a）下滑-抗滑模型概要图

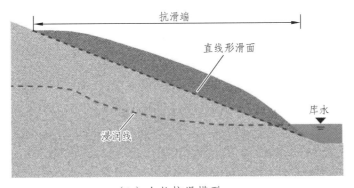

（b）全长抗滑模型。

图 4.12　地质力学模型及受力示意图

4.2.2　稳定性变化规律理论分析结果

库水波动对斜坡稳定性影响可量化为渗透力和浮托力之间的关系[212]。图 4.13 表示库水作用下单位条块的受力示意图。库水影响下单位条块所受渗透力和浮托力可表示为：

$$
\begin{cases}
F_{sf} = \gamma_w i V \\
F_{bf} = \gamma_w V
\end{cases}
\tag{4.1}
$$

式中，F_{sf} 表示渗透力；F_{bf} 表示浮托力；γ_w 表示水的重度；i 表示水力梯度；V 表示地下水位线以下的体积（见图 4.13 中的 cdef 部分）。计算水力梯度：

$$
i = \sin \alpha
\tag{4.2}
$$

式中 α 表示地下水位线倾角。

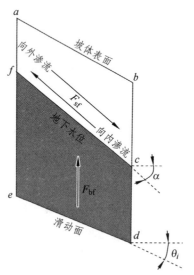

图 4.13　库水作用下单位条块的受力示意图[213]

堆积体初始安全系数（F_0）定义为抗滑力（F_r）与下滑力（F_s）之比：

$$F_0 - \frac{F_r}{F_s} = \frac{\Sigma \, available \, resisting \, forces}{\Sigma \, driving \, shear \, forces} = \frac{\sum\limits_{i=1}^{n} \left[cl_i + w_i \cos \theta_i \tan \varphi \right]}{\sum\limits_{i=1}^{n} w_i \sin \theta_i} \qquad （4.3）$$

式中，n 表示单位条块总数；l_i 表示第 i 条块的长度；θ_i 表示第 i 个条块的倾角；w_i 表示第 i 条块的重度；c 和 φ 表示基覆面的内聚力和内摩擦角。

当且仅当渗透力（F_{sf}）被考虑时，堆积体上单位条块的安全系数（F_1）为：

$$F_1 = \frac{F_r + F_{sf}}{F_s} = F_0 + \frac{F_{sf}}{F_s} \qquad （4.4）$$

根据公式（4.4）可知，库水位下降使得渗透力的方向与抗滑力的方向相反（指向坡外，为负数），因此库水位下降会降低堆积体稳定性；相反当库区蓄水时，渗透力的方向与抗滑力的方向相同（指向坡内，为正数），故库水位上升会增加堆积体稳定性。因此，无论是在 DRM 模型还是 FRM 模型中，库水下降而引起的渗透力会降低斜坡稳定性，库水上升而引起的渗透力会增加斜坡稳定性。

当且仅当浮托力（F_{sf}）被考虑时，假设由浮托力的作用（F_{sf}）而导致单位条块上的有效重度变化量为 Δw，Δw 引起基覆面上的抗滑力和下滑力的变化量分别是 ΔF_r 和 ΔF_s。因此，由有效重度变化量（Δw）而引起的堆积体滑坡稳定性系数（F_2）计算公式为：

$$\begin{cases} F_2 = \dfrac{\Delta F_r + F_r}{\Delta F_s + F_s} \\ \Delta F_r = \Delta w \cos \theta \tan \phi \\ \Delta F_s = \Delta w \sin \theta \end{cases} \qquad （4.5）$$

故，

$$\frac{F_2}{F_0} = \frac{\Delta F_r + F_r}{\Delta F_s + F_s} \frac{F_s}{F_r} = 1 + \frac{\Delta F_r F_s - \Delta F_s F_r}{\Delta F_s F_r + F_s F_r} \qquad （4.6）$$

由公式（4.6）可知，当 $\Delta F_r F_s - \Delta F_s F_r = 0$，也就是 $\frac{F_2}{F_0} = 1$，即 $\theta = \arctan \dfrac{\tan \varphi}{F_0}$，有效重度变化量 Δw 对斜坡的稳定性不产生影响，即中性点（neutral points）[214]。

根据公式（4.4）和公式（4.6）可知，渗透力对斜坡稳定性的影响与地质力学模型的类型无关但与渗流方向紧密相关；相反，浮托力会使得坡体有效重度产生变化进而对 DRM 模型中的抗滑段和下滑段产生不同的影响。总体而言，库水变化对 DRM 和 FRM 模型的稳定性变化可归纳为表 4.1 并表述如下：

表 4.1　库水变化对两类地质力学模型稳定性影响规律

库水运营阶段	渗透力	浮托力		
		DRM 模型中的下滑段	DRM 模型中的抗滑段	FRM 模型
库水下降	降低稳定性	降低稳定性	增加稳定性	增加稳定性
库水上升	增加稳定性	增加稳定性	降低稳定性	降低稳定性

对于 DRM 模型，当斜坡滑体有效重度变化量 $\Delta w > 0$ 且 $\theta < \arctan\dfrac{\tan\varphi}{F_0}$（$\Delta F_r F_s - \Delta F_s F_r > 0$）时，即库水下降且库水下降段的影响范围为 DRM 模型的抗滑段，库水下降所导致的浮托力会提高斜坡稳定性。当斜坡滑体有效重度变化量 $\Delta w < 0$ 且 $\theta < \arctan\dfrac{\tan\varphi}{F_0}$（$\Delta F_r F_s - \Delta F_s F_r < 0$）时，即库水上升且库水上升段的影响范围为 DRM 模型的抗滑段，库水上升所导致的浮托力会降低斜坡稳定性。但是，库水下降所导致的指向斜坡外部的渗透力会降低斜坡稳定性，库水上升所导致的指向斜坡内部的渗透力会提高斜坡稳定性。可以看出，当库水位升降的影响范围为 DRM 模型的抗滑段时，浮托力与渗透力对斜坡稳定性的影响刚好相反，而究竟谁占主导地位，这与滑坡渗透系数密切相关，即滑体渗透系数较大时，浮托力占主导地位，反之渗透力占主导地位[215]。

当滑体有效重度变化量 $\Delta w > 0$ 且 $\theta > \arctan\dfrac{\tan\varphi}{F_0}$（$\Delta F_r F_s - \Delta F_s F_r > 0$）时，即库水下降且库水下降段的影响范围为 DRM 模型的下滑段，库水下降所导致的浮托力会降低斜坡稳定性。当斜坡滑体有效重度变化量 $\Delta w < 0$ 且 $\theta > \arctan\dfrac{\tan\varphi}{F_0}$（$\Delta F_r F_s - \Delta F_s F_r > 0$）时，即库水上升且库水上升段的影响范围为 DRM 模型的下滑段，库水上升所导致的

浮托力会增加斜坡稳定性。浮托力对斜坡稳定性的影响规律与渗透完全一致，说明当库水波动范围为 DRM 模型的下滑段时，库水上升会增加斜坡稳定性，反之则降低斜坡稳定性。

对于 FRM 模型，在库水下降阶段，渗透力降低斜坡稳定性而浮托力提高斜坡稳定性；在库水上升阶段，渗透力增加斜坡稳定性而浮托力降低斜坡稳定性。因此，库水波动下，渗透力和浮托力对斜坡稳定性影响截然相反，而渗透系数的大小决定了浮托力和渗透力的主控程度。

4.3　库水作用下不同基覆面形态堆积体稳定性变化数值计算

根据第 4.2 小节分析可知，库水波动下不同地质力学模型的稳定性变化规律不仅与库水作用位置有关，还与滑体渗透系数紧密相关。为进一步探究考虑渗透系数条件下的库水位波动对不同地质力学模型的稳定性影响规律，本小节利用加拿大公司开发的 GeoStudio 系列软件进行详细分析研究。

4.3.1　计算方法及原理简介

库水作用下堆积体滑坡流固耦合稳定性计算主要是利用 GeoStudio 软件中的 SEEP/W 模块和 SLOPE/W 模块来完成，其计算过程主要是[216]：①在 SEEP/W 模块中建立相应的计算模型并划分网格、输入土-水特征参数以及设定不同计算工况下水头/流量边界条件。②分别采用瞬态和稳态条件计算得出模型在不同时刻的渗流场分布情况。③沿用 SEEP/W 模块中的计算模型且在 SLOPE/W 模块中输入材料物理力学参数以及确定基覆面位置。④将 SEEP/W 模块中同步求解得到的模型渗流场的所有节点水头信息传递给 SLOPE/W 模块进行稳定性计算。库水波动使得滑体处于饱和与非饱和的交替变化状况。根据质量守恒及 Darcy 定律，在 SEEP/W 模块中的二维饱和-非饱和渗流控制方程为：

$$\frac{\partial}{\partial x}\left(k_x \frac{\partial h_w}{\partial x}\right) + \frac{\partial}{\partial y}\left(k_y \frac{\partial h_w}{\partial y}\right) + Q = m_w \gamma_w \frac{\partial h_w}{\partial t} \quad （4.7）$$

式中，k_x 表示水平方向饱和渗透系数，k_y 表示垂直方向饱和渗透系数，γ_w 表示水的重度，m_w 表示土-水特征曲线斜率。

第一类边界条件（水头边界）为：

$$k\frac{\partial h}{\partial n}\Big|_{\Gamma1}=h(x,y,t) \tag{4.8}$$

第二类边界条件（流量边界）为：

$$k\frac{\partial h}{\partial n}\Big|_{\Gamma2}=q(x,y,t) \tag{4.9}$$

滑坡稳定性定量计算方法中运用较为广泛的是极限平衡法，其原理是通过抗剪力与剪切力的比值来表示滑坡稳定性系数[43]。在进行极限平衡计算中需要将滑体划分为多个土条，通过假定多个未知量建立起岩体力学平衡公式，从而建立稳定性计算中已知与未知量相等的静定方程。计算稳定性的方法有很多，如 Bishop 法[217]、Sarma 法[218]和 Spencer 法[219]以及传递系数法[75]等，但是应用最为广泛的则是 Morgenstern-Price 法（M-P 法）[220]。M-P 法的假设条件最少，同时能在一般条分法的基础上考虑滑坡法向力与切向力之间的力平衡及每一土条形成的力矩平衡，其计算精度高。各土条受力状态如图 4.14 所示：

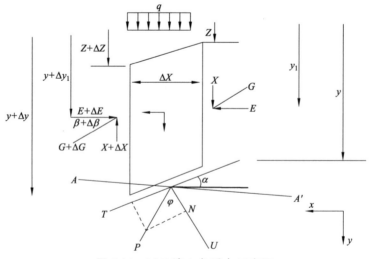

图 4.14　M-P 法土条受力示意图

各土条力矩平衡方程为：

$$X = -y\frac{\mathrm{d}E}{\mathrm{d}x} + \frac{\mathrm{d}}{\mathrm{d}x}(y, E) + \eta\frac{\mathrm{d}W}{\mathrm{d}x}h_e \tag{4.10}$$

在计算中需要对土条的几个相关参数表达式通过线性化表达，假定其侧向力函数为：

$$f(x) = kx + m \tag{4.11}$$

考虑 $E(a) = E(b) = 0$，则：

$$M_n(F, \lambda) = \int_a^b \left(X - E\frac{\mathrm{d}y}{\mathrm{d}x}\right)\mathrm{d}x - \int_a^b \frac{\mathrm{d}Q}{\mathrm{d}x}h_e = 0 \tag{4.12}$$

从第 1 个土条 $E(a) = 0$ 作为开始，从上至下逐个土条的求解条间法向力 E_i，在最终确定的一个土条处需要满足如下条件：

$$E_n(F, \lambda) = 0 \tag{4.13}$$

总体而言，M-P 法的求解过程主要是先假设一个 F 和 λ，然后逐条积分到 E_n 和 M_n，如果其不为零，再用一个有规律的迭代步骤不断修正 F 和 λ，直到公式（4.12）和（4.13）得到满足为止。

4.3.2　计算方案及模型建立

三峡库区 175 m 蓄水成功后水位保持在 175～145 m 范围内波动，库区水位每年均要经历库水上升阶段（145～175 m）、最高水位运行阶段（175 m）、库水下降阶段（175～145 m）和最高低水位运行阶段（145 m）。一般而言，库水上升和下降阶段的库水速度并非恒定且既不能太大也不能太小。在参考前人研究结果[16, 137, 138]并结合本小节的主要研究目的，将库水波动速度（上升和下降）简化为 $v_{上升} = v_{下降} = 1\,\mathrm{m/d}$，库水在最高水位和最低水位的持续时间均为 150 d。数值模拟过程中库水位在一个水文年内变动情况如图 4.15 所示。采用 SEEP/W 模块进行滑体渗透场模拟过程中，假定基岩为不透水层，仅改变滑体渗透系数大小。滑体的渗透系数设定为 0.001 m/d、0.01 m/d、

0.05 m/d、0.1 m/d、0.5 m/d、1 m/d、2.5 m/d、5 m/d、10 m/d、25 m/d、50 m/d、100 m/d、500 m/d、1000 m/d。采用 SLOPE/W 进行稳定性计算时，假定基岩为稳定岩体，滑体沿预先设置的基覆面运动，滑体的力学参数设置为：γ =21.2 kN/m³、c =19.2 kPa 和 φ =20.5°。

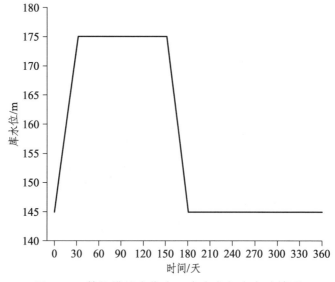

图 4.15 数值模拟水位在一个水文年内变动情况

利用 GeoStudio 中的 SEEP/W 模块建立相应计算概化模型（见图 4.16）。图 4.16a 中模型的网格数和节点数分别是 8363 个和 8237 个。工况 1 代表库水位的波动范围处于 DRM 模型中的抗滑段，工况 2 说明库水位的波动范围处于 DRM 模型中的下滑段。对于 FRM 计算模型[见图 4.16(b)]，网格数和节点数分别是 6516 个和 6371 个。计算过程中首先在 SEEP/W 模块中采用稳态计算模式使得模型在最低水位（145 m）达到平衡，然后采用瞬态计算模式获得模型在一个水文年内库水位波动作用下（见图 4.15）的渗流场分布特征，最后将已获得的各个时刻的渗流场信息导入 SLOPE/W 模块中进行稳定性计算。

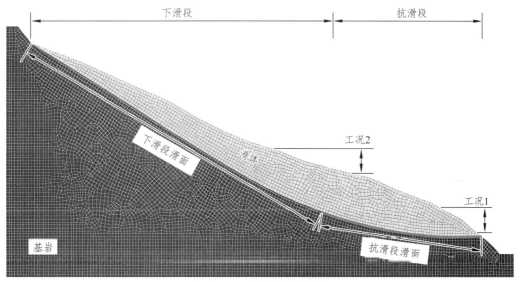

（a）DRM 数值计算模型

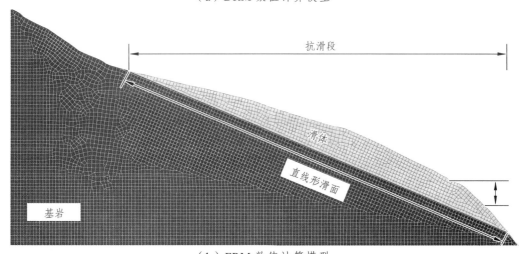

（b）FRM 数值计算模型

图 4.16　数值计算模型

4.3.3　计算结果分析

图 4.17 表示不同渗透系数条件下库水波动对 DRM 和 FRM 地质力学模型的稳定性影响。对于工况 1（库水位的波动范围对应于 DRM 的抗滑段），当滑体渗透系数较

小时，计算结果表明滑坡安全系数与库水位升降呈正相关，即当水位上升时，斜坡安全系数增加，反之，安全系数下降。结合表 4.1 结果可知：当滑体渗透系数较小时，渗透力对滑坡稳定性系数变化占主导作用。此外，滑体渗透系数越小，安全系数曲线形状与库水位波动曲线形状越接近一致。如渗透系数 $k/v=0.001$，这是因为渗透系数足够小的情况下导致库水难以渗入滑体内部，库水位上升仅在滑体表面产生指向坡体内部的表面水压力（即库水的作用完全以扶壁效应的形式展现），库水位下降时该表面水压力（扶壁效应）随即消失。因此，数值结果表明滑坡安全系数随库水位的升高而增大、随库水位的下降而降低。值得注意的是，当库水位处于最高和最低水位期间，滑坡安全系数也几乎不产生任何变化。这是因为滑体渗透系数太小，库水位几乎无法渗入滑体或者滑体内部的地下水也无法排出，故当库水位保持不变时，斜坡安全系数也几乎不变。然而，当渗透系数逐渐增大时，渗透力对滑坡稳定性的主导作用逐渐减弱，浮托力对滑坡稳定性的影响则逐渐增强。当渗透系数 $k/v>10$ 时，计算结果表明滑坡安全系数与库水位升降呈负相关，即当水位上升时，斜坡安全系数下降，反之，安全系数上升。结合表 4.1 结果可知：当滑体渗透系数较大时，浮托力对滑坡稳定性系数变化占主导作用。此外，滑体渗透系数越大，安全系数曲线形状与库水位波动曲线形状越接近一致。如渗透系数 $k/v=500$。这是因为当滑体渗透系数远大于库水波动速度时，滑体内地下水水位几乎与库水位同步升降，库水位上升时在抗滑段产生的渗透影响或者扶壁影响几乎可以忽略，但是所产生的浮托效应却不断增加，进而使滑体稳定性降低，175 m（最高水位时）滑坡体安全系数最低，然后随着库水位的下降滑坡稳定系数又逐渐回升。

当库水位的波动范围对应于 DRM 的下滑段（工况 2），滑坡安全系数随着库水位的上升而增加，随着库水位的下降而降低。特别地，当渗透系数足够小时，安全系数曲线形状几乎与库水位波动情况保持一致，如 $k/v<0.01$，随着渗透系数的增大，当库水保持在高水位运行时（175 m），安全系数逐渐下降；相反，当库水保持在低水位运行时（145 m），安全系数逐渐增加。这是因为当库水位升至最高水位时，随着时间的推移库水不断渗入滑体内部，使得指向滑体内部的渗透压差逐渐降低，故而安全系数在最高水位运行阶段会随着时间的推移而降低；当库水位降至最低水位时，随着时间的推移滑体内部的地下水不断排出，使得指向滑体外部的渗透压差逐渐降低，故而安全系数在最低水位运行阶段会随着时间的推移而增加。值得注意的是，当渗透系数足够大时，滑坡安全系数几乎保持不变。

FRM 地质力学模型的计算结果[见图 4.17(b)]与工况 1[见图 4.17(a)]基本一致，即当滑体渗透系数较小时，滑坡安全系数与库水位升降呈正相关，即当水位上升时，斜坡安全系数增加，反之，安全系数下降；当滑体渗透系数较大时，滑坡安全系数与库水位升降呈负相关，即当水位上升时，安全系数下降，反之，安全系数上升。

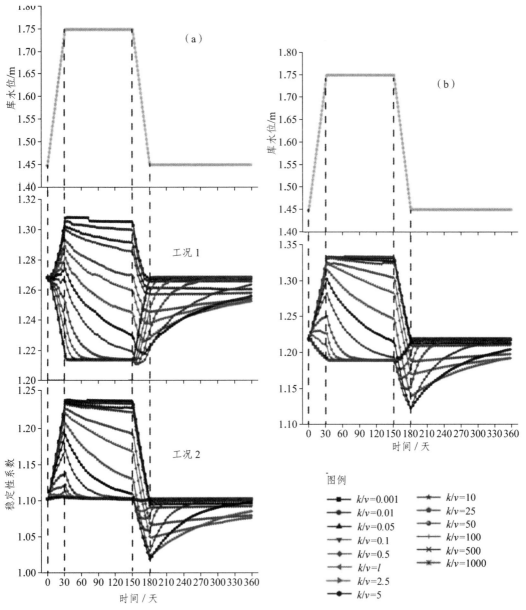

图 4.17　不同渗透系数条件下库水波动对 DRM 和 FRM 地质力学模型的稳定性影响

4.4   本章小结

（1）根据对归纳总结出的 4 种基覆面形态统计分析，结果显示椅形基覆面占滑坡总数 32.2%，弧形基覆面 29.1%，阶梯形基覆面和直线形基覆面滑坡分别是 23.9%和 14.7%；坡体结构与基覆面形态统计结果显示椅形基覆面主要发育于顺向坡中，尤其在顺向陡倾坡中最为常见；反倾斜坡失稳破坏后，其基覆面形态呈弧形的可能性最高；阶梯形基覆面主要发育于顺向坡中，其在顺向陡倾坡中尤为常见；直线形基覆面主要发育于顺向缓倾斜坡中。

（2）根据基覆面倾角变化特点凝练出两种地质力学模型：下滑-抗滑模型（DRM）和全长抗滑模型（FRM）。库水升降对滑坡稳定性影响可分为渗透影响和浮托影响，二者对滑坡稳定性的控制作用不仅与库水作用的基覆面位置有关，还与渗透系数紧密联系。理论分析和数值计算结果显示：①当库水位的波动范围对应于 DRM 的抗滑段时的滑坡稳定性变化情况与 FRM 地质力学模型的计算结果一致，当滑体渗透系数较小时，滑坡安全系数与库水位升降呈正相关（渗透力为主控因素），即当水位上升时，斜坡安全系数增加，反之，安全系数下降；当滑体渗透系数较大时，滑坡安全系数与库水位升降呈负相关（浮托力为主控因素），即当水位上升时，安全系数下降，反之，安全系数上升.②当库水位的波动范围对应于 DRM 的下滑段时，滑坡安全系数随着库水的上升而增加，随着库水的下降而降低。特别是，当渗透系数足够小时，安全系数曲线形状几乎与库水位波动情况保持一致。

第 5 章

类直线形基覆面堆积体滑坡变形破坏机制
——以塔坪滑坡为例

重庆市巫山县塔坪滑坡是三峡库区二期已实施工程治理的滑坡，三峡水库蓄水后（2009 年 6 月），据当地政府、监测单位反映塔坪滑坡区部分地段出现地表新变形并有逐渐增大的现象，包括库岸多处垮塌、前缘下部出现明显库水浑浊等。塔坪滑坡潜在的破坏可能性不仅威胁长江黄金水道往来船只的安全，还严重影响到坡体上数百户居民的生命财产安全。受重庆市三峡地防办委托，四川省华地建设工程有限责任公司对巫山县塔坪滑坡进行补充工程地质勘察工作。此外，107 地质队于 2009 年 7 月，在塔坪滑坡体上建立了一套完善的滑坡监测系统，包括地表位移（水平地表位移和垂直地表位移）、深部位移、地下水位监测、降雨及库水位监测。目的在于通过对多种监测结果进行分析，获得边坡变形特点，找出边坡变形与潜在诱因（库水升降、降雨）之间的联系，进而探讨其变形机理及可能的破坏演化，为科学评价塔坪滑坡整体及各部分在三峡水库蓄水和人类工程活动等因素影响下的稳定性、制定综合防治工作方案提供可靠地质依据，确保滑坡区人民生命财产安全。

5.1 塔坪滑坡工程地质背景

5.1.1 滑坡地质环境条件

塔坪滑坡位于重庆市巫山县曲尺乡，长江北岸，地貌属于构造侵蚀、剥蚀低中山河谷地貌类型，地势北高南低，滑坡平面形态为半圆形（见图 5.1）。滑坡区后缘高程 310 m，前缘最低高程 80 m 左右，相对高差 230 m 左右。滑坡平均纵长 1150 m，横宽 1050 m，面积约 1.21×10^6 m²，体积 3.0×10^7 m³。滑坡滑动方向 142°，前缘临江岸坡坡角 17 ~ 37°，北部大五谷坪以及西侧曲尺镇呈平缓台阶状，坡角 2 ~ 7°；坡面平台、斜坡相间分布，平缓地带坡角 5 ~ 10°，斜坡坡角 15 ~ 27°。滑坡东临冬瓜沟、西临绞滩沟，两沟属深切沟谷，沟深 90 ~ 160 m，沟壁坡角 40 ~ 67°。冬瓜沟沟岸基岩出露，滑坡区坡向与下伏基岩岩层倾向基本一致，属特大型顺向堆积体滑坡。

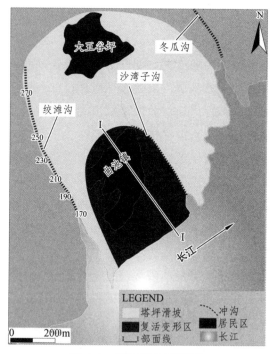

图 5.1　塔坪滑坡平面图

　　勘察资料显示塔坪滑坡西南区域是滑坡的主要复活变形区，如图 5.2 所示，复活区平面形态呈圈椅状，前缘海拔低于 145 m，后缘海拔 300 m，宽 480 ~ 550 m，长 530 ~ 580 m，面积 2.83×10^6 m²，总体积 1.270×10^7 m³。复活区后部（261 ~ 300 m）斜坡坡度比较缓（2 ~ 7°），曲尺镇位于海拔范围内。复活区前部（142 ~ 261 m）斜坡较陡（24 ~ 37°）。本章主要研究该复活变形区。

图 5.2　塔坪滑坡复活区航拍图

滑坡区地处大巴山弧形褶断带，川东弧形凹褶带和川鄂湘黔隆褶带之交接复合部位、巫山复式向斜核部，构造应力场比较复杂。构造形式以褶皱为主，断裂少，主构造线为 NE 向 60～70°，向斜核部产状缓、翼部变陡，北西翼倾角 35°（局部达 67°）。区内主要为三叠系上统须家河组（T_{3xj}）砂岩夹炭质页岩、煤线、石英砂岩，中统巴东组（T_{2b}）泥岩与粉砂质泥质灰岩互层，节理裂隙发育，主要有 3 组，垂直层面的两组产状分别为①89～97°∠88～90°、②24～46°∠79～88°，层面裂隙产状 165～185°∠8～15°。地层倾向 165～175°，靠近长江一带倾角 8～15°，冬瓜沟沟壁一带出露地层倾角 25～35°，后缘倾角 5～15°，挠曲现象明显。

5.1.2　物质组成及结构特征

图 5.3a 为塔坪滑坡复活区工程地质剖面图。由图可知，滑体物质由表层坡积物（粉黏土与碎石）和深部碎裂石英砂岩组成。表层坡积层均厚 13 m，渗透系数 $1.2 \times 10^{-7}～6.4 \times 10^{-6}$ m/s，表层物质中碎石含量为 10%～40%，主要由砂岩和页岩组成[见图 3(a)]。表层坡积物下方的碎裂石英砂岩层是整个滑体的主要组成物质[见图 5.3(b)]，其厚度由坡脚到坡顶逐渐增加（26～60 m），岩块尺寸多为 0.3～1.1 m。根据前期勘察资料显示塔坪滑坡的基覆面为上覆堆积体和下伏基岩的交界面，后期根据四川省华地建设有限责任公司出具的重庆市三峡库区巫山县塔坪滑坡补充勘查报告显示塔坪滑坡复活区的基覆面是碎裂石英砂岩中的碎石土夹层[见图 5.3(b)]，并且相应的深部位移监测也证明了该结论。

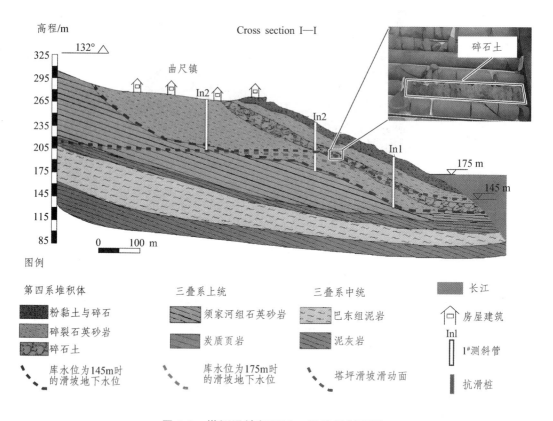

图 5.3　塔坪滑坡复活区工程地质剖面图

　　补充勘察资料显示嵌入在碎裂石英砂岩层中的碎石土层的平均厚度为 14 m[见图 5.4(a)]。碎石、角砾成分主要为砂岩及泥岩，粒径 0.1～4 cm，含量 60%[见图 5.4b]。基岩主要由三叠系上统须家河组（T_{3xj}）岩层以及三叠系中统巴东组（T_{2b}）岩层组成，前者岩性为砂岩和页岩，后者岩性为泥岩及灰岩组成。滑坡上部基岩露头主要是粉质泥岩及灰黑色炭质页岩[见图 5.4(c)]。值得注意的是滑坡上部岩层层理面产状为 136°～153°/20°～25°[见图 5.4(c)]，而在坡脚处，灰黑色炭质页岩出露且其层理面倾角近乎水平。此外，库水下降期，坡脚位置还能观测到地下水渗出现象[见图 5.4(d)]。

（a）表层坡积物

（b）碎裂石英砂岩

（c）滑坡上部出露的基岩及岩层层理

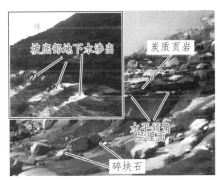

（d）滑坡前缘碎块石及出露的基岩和水平层理面

图 5.4　滑坡物质组成及结构特征图

5.1.3　水文地质条件

　　滑坡区所属县区（巫山县）属亚热带季风性温湿气候区，四季分明，日照充足、雨量充沛、气候温和。秋夏多雨、冬春多雾。多年平均气温 18.4 ℃，最高气温 42 ℃，最低气候-6.9 ℃；多年平均降雨量 1049.3 mm，降雨多集中在 5—10 月，7—8 月多暴雨，最大日降雨量 371.3 mm。

　　长江是塔坪滑坡区地表排泄最低基准面，滑坡区地表水主要通过西侧的绞滩沟和东侧冬瓜沟以及坡面季节性冲沟排入长江，绞滩沟和冬瓜沟均属常年性溪沟，沟谷呈"V"字形，谷深 90～160 m，枯水期流量 10～150 L/s。地下水类型为松散岩类孔隙水和基岩风化裂隙水。松散岩类孔隙水主要分布于河流冲洪积和滑坡堆积物中，分布零星，主要接受大气降水和灌溉水补给，并随季节变化明显，一般经短距离迳流后在低洼区呈散状渗出。基岩裂隙水主要赋存于三叠系上统须家河组（T_3xj）石英砂岩、中统巴东组（T_2b）泥质灰岩风化裂隙中，主要接受大气降水补给，地下水的运移受地形坡角控制，由高向低径流，动态特征受气候影响明显。临江地带即滑坡前缘地下水丰富，地下水位埋较浅，前缘钻孔水位略高于江水位。

库区水位经过 3 次蓄水，分别是 2003 年 6 月的 135 m 蓄水，2006 年 11 月 156 m 蓄水和 2008 年 175 m 蓄水。全库容蓄水后，库区水位每年周期性升降：每年汛期 6 月 10 日—9 月 30 日水库为 145 m 低水位运行，以便洪水来临时拦蓄洪水。10 月 1 日—10 月 31 日水库由 145 m 升至 175 m 运行，11 月 1 日—12 月 30 日为正常库水位运行，12 月 31 日—6 月 10 日库水由 175 m 降至 145 m 运行，水库水位变幅为 30 m。

5.2　塔坪滑坡宏观变形特征及监测系统布置

5.2.1　滑坡宏观变形特征

塔坪滑坡复活区变形可追溯至本世纪初期。自 2002 年后，由于长时间的库水浸泡和周期性的降雨或者暴雨影响，滑坡前缘不同位置出现了不同体积大小的局部崩塌现象，并且这种破坏现象具有往坡体上部延伸的趋势。蓄水以后，滑坡宏观变形破坏现象更加频繁。2006—2015 年期间，大量的羽状裂缝（深度 21～38 cm，长度 2～4 m）集中出现在滑坡中部（见图 5.5 Site 1）；随着变形的不断发展，裂缝持续扩张并逐渐向坡体后部扩展，强烈的变形导致滑坡后缘出现高达 3.5 m 的陡坎，宽度达 24 cm 的裂缝（见图 5.5 Site 2，）。

2015 年 6 月野外调查发现，在高程 230～250m 处，沿巫山—曲尺公路出现一条连续拉裂缝，其长逾 300 m，宽 5.0～10.0cm（见图 5.5 Site 3，）。此外，虽然该滑坡在 2012 年进行了一次抗滑桩加固工程，但坡体的变形使得抗滑桩发生了一定角度的倾斜，且在桩周发育有多条宽度为 3～40 cm 的横向拉伸裂缝（见图 5.5 Site 6）。滑坡的变形同样使得房屋开裂、错动（见图 5.5 Site 4）以及地表排水系统破坏严重（见图 5.5 Site 5）。库区全库容运行后，周期性的库水波动和季节性的降雨入渗，使边坡消落带崩塌现象越来越严重（见图 5.5 Site 7）。

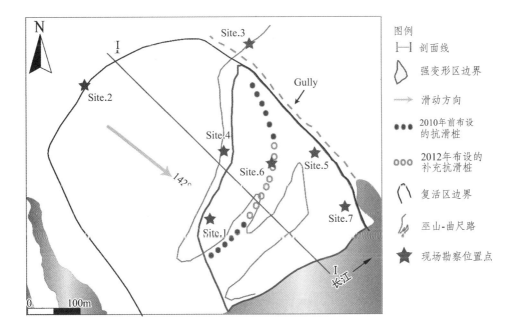

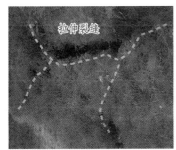

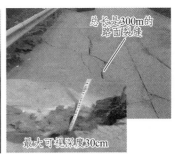

图 5.5　塔坪滑坡复活区宏观变形破坏特征

5.2.2 滑坡监测系统布置

滑坡的发生、发展、演化过程中，包括地表位移、深部位移、地下水位变化，以及土壤湿度等在内的可测的物理信息都会随之发生改变。地表位移和深部位移是滑坡变形监测的主要对象，二者既能反映当前滑坡体状态，映射滑坡体所处的成灾演化阶段，同时也有助于更好地了解滑坡变形特征及机理，为滑坡工程防治和预测预报等提供依据[1]。

受三峡水库蓄水的直接影响，塔坪滑坡复活区前部 175 m 水位以下将被库水淹没，由于江水的冲刷、淘蚀作用，这些滑坡可能危及曲尺乡街道居民、企事业单位、滑坡体上居民的生命财产安全，受威胁总人数近 3000 人、移民房屋 3.8 万 m²，威胁总资产约 3000 万元。鉴于此，受重庆市三峡地防办委托，重庆市地勘局 107 地质队承担巫山县曲尺乡塔坪滑坡监测预警工作，并于 2009 年 10 月建立了多层次、多方法、多仪器的综合监测系统（见图 5.6），同时也启动滑坡监测预警工作，主要监测内容包括地表位移、深部位移以及地下水位监测。

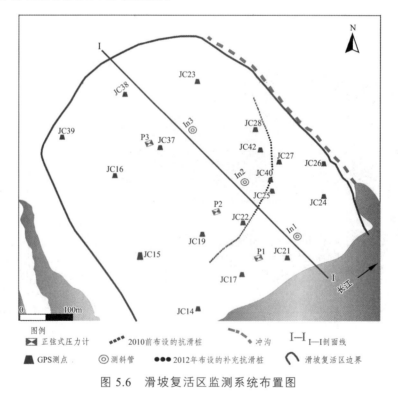

图 5.6　滑坡复活区监测系统布置图

5.2.2.1　滑坡变形监测

滑坡变形监测主要是地表变形监测和深部变形监测。早期的地表变形监测技术主要是简易人工观测，而现代的变形监测技术则朝着高精度、自动化以及智能化的方向发展[1]。全球定位系统（Global Position System，GPS）以其更可靠、更便宜、更快和更容易使用等优势成为了跟踪滑坡行为的最重要手段[224]。GPS 是以卫星为基础的无线电导航定位系统，能够实现全能性、全球性、全天候、连续性和实时性监测。图 5.7 为监测塔坪滑坡复活区地表变形 GPS 测点。混凝土墩埋入坡面以下 1.2 m，混凝土柱的高度为 1.35 m，柱顶安装有中海达 HD8200X 单频（2 Hz）静态 GPS 接收机。它的监测原理是：通过 GPS 系统卫星对控制点和实际监测点发射和接收实时信号，信号通过数据网络传输至地面控制中心，再通过相关数据处理软件对各点位的坐标进行计算。在塔坪滑坡监测系统中，GPS 测点配合"基于银河传感器远程滑坡无线监控系统"可自动实时监控地表位移变化。

自 2009 年 11 月至 2017 年 10 月，塔坪滑坡复活区一共有 18 个 GPS 测点（见图 5.6），其中 8 个 GPS 测点在整个监测时段均完好无损，剩余 GPS 测点或是安装后遭到破坏或是后期才安装。旱季（蓄水期间）的观测频率为每 5 天 1 次，雨季（库水下降时期）的时候观测频率为每 2 天 1 次。GPS 测点每次观测时长为 2 h。

图 5.7　GPS 监测站

与滑坡地表位移相比，滑坡深部位移的监测技术及设备种类相对较少，按其实施方式可分为测点型和测线型。前者的典型代表有钻孔测斜仪及拉线式位移计，后者主要是 TDR 技术。塔坪滑坡复活区采用航天惯性 GCX-03 固定式测斜仪[见图 5.8(a)]进行深部位移监测。航天惯性 GCX-03 固定式测斜仪选用高精度石英挠性加速度计作为核心传感器，灵敏度高、稳定性好；适应野外全天候工作环境，具有较高的可靠性。标准量程±30°，分辨率±0.02 mm/500 mm，测量精度±0.1%F.S，耐水压 1 MPa，适用测斜管内径：$\Phi56\sim72$ mm，工作温度范围：$-20\sim50$ ℃。图 5.8(b)为深部位移监测站。由图可知，深部位移监测系统是由井下测头组、水位传感器、现场主控单元、太阳能电池板及结构件组成，其中现场主控单元包括充电控制器、电源管理电路、采集传输模块组成。井下测头组由测头、电缆和连接杆组成。其测量原理是：地层/结构物移动变形引起测斜管变形，测量探头通过敏感自身的斜度（倾角）的变化来解算出测斜管在预定方位上的形变量，多个测量探头组合安装可以获得沿测斜管的挠度变形剖面图。自 2016 年 3 月至 2017 年 6 月，塔坪滑坡复活区一共有 3 个深部位移测点（见图 5.6 In1、In2 和 In3），全天候实时采集深部位移数据。

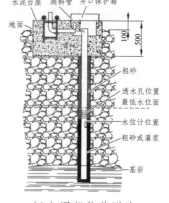

（a）航天惯性 GCX-03 固定式测斜仪　　（b）深部位移测站

图 5.8　深部位移监测系统

5.2.2.2　影响因素监测

滑坡的变形失稳在时间和空间上同时受自身地质环境和外界诱发因素的控制和影响，因此开展滑坡变形影响因素的监测尤为重要。本次监测的主要外部影响因素是库水、降雨以及滑坡地下水位。库水数据来自于中国长江三峡集团有限公司（https://blog.cuger.cn/p/54193/），降雨数据来源于巫山气象站。塔坪滑坡复活区采用航天惯性 SYZ-501 孔隙水压力计传感器[见图 5.9(a)]进行地下水位监测，量程为 0~76 m，分辨率±0.01%F.S，精度±0.3%F.S，工作温度 0-70 ℃。图 5.9(b)为地下水位监测站。其测量原理是将水位计安装于钻孔底部，由感应芯片测得水的压力，用其减去水面空气压力后，可直接测出地下水位相对于水位计底部的高度，并同时测出水温。

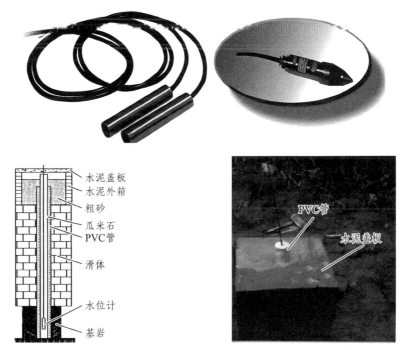

（a）航天惯性 SYZ-501 孔隙水压力计传感器　　　　（b）地下水位测站

图 5.9　地下水位监测系统

自 2010 年 1 月，塔坪滑坡复活区一共安装有 8 个地下水位测站，全天候实时采集深部位移数据。由于滑坡变形使得其中 2 个测点在 2010 年 7 月遭到破坏，剩下的 6 个测点在整个监测时段均是有效的（2010.1—2013.7）。考虑到同一海拔高度上的地下水监测数据几乎差别不大且变化趋势几乎一样，为简化分析，本章选取其中的 3 个地下水测站（见图 5.6 P1，P2 和 P3）数据进行详细分析研究。P1，P2 和 P3 的安装海拔高程分别为 190 m，228 m 和 262 m。

5.3　塔坪滑坡动力响应特征

5.3.1　滑坡地下水位监测分析

选取位于塔坪滑坡复活区沿剖面线 I-I 附近的不同海拔位置的 3 个水压计（见图 5.6 P1，P2 和 P3）的地下水位数据进行研究分析。图 5.10 为塔坪滑坡复活区地下水与库水和降雨的关系。由图可知在整个监测时段内（2010.01—2013.07），滑坡前部（P1）地下水的变化范围是 158.12～172.5 m，变化量为 14.38 m。P1 中地下水位曲线形状与库水位波动曲线形状具有很好的一致性，而降雨对其影响甚微，说明滑坡前部地下水变化与库水位波动密不可分。导致这种现象的主要原因可能是 P1 位于滑坡前缘，与库水的位置比较近[12]。进一步研究发现 160 m 水位是一个比较明显的水位分界线。当库

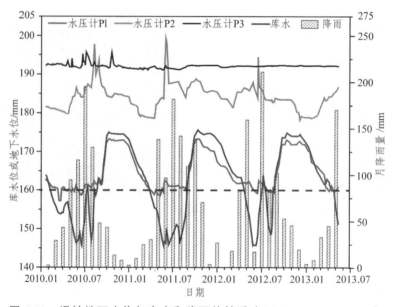

图 5.10　滑坡地下水位与库水和降雨的关系（2010.01—2013.07）

水位高于 160 m 时，滑坡前缘地下水与库水位呈明显的正相关性，即库区蓄水导致地下水位上升，反之地下水位下降。在此阶段（库水位高于 160 m），地下水位会低于库水位，其范围一般在 0.1 ~ 1.5 m。也就是说在高水位阶段，库水会从坡脚倒灌进入滑坡，进而影响滑坡稳定性。当库水位低于 160 m 时，无论库水如何波动，P1 中地下水位虽有微小震荡，但基本保持在 160 m 不变。产生这种现象的原因可能是滑坡上部的地下水会对滑坡前缘地下水进行补充，进而使得 P1 中地下水位几乎保持在 160 m 水位附近。因此当库水位低于 160 m 时，会产生指向坡体外部的渗透压差，特别是在库水下降阶段，其渗透压差会越来越大，进而加速塔坪滑坡复活区前部的变形。

P2 位于滑坡中部高程约 228 m 处。在整个监测时段内（2010.01—2013.07），滑坡中部（P2）地下水的变化范围是 178.3 ~ 199.3 m，变化量为 21.8 m，变化幅度较滑坡前部地下水位大。此外，P2 中地下水位变化规律与 P1 中地下水位变化规律几乎相反。分析认为 P2 中地下水位曲线形状与季节性降雨具有很好的一致性，而周期性库水波动对其影响甚小。由三峡库区库水调度关系可知，雨季的时候库水下降，旱季的时候库区蓄水。综合地下水位与库水位、降雨量的关系发现，P2 中地下水位在雨季的时候快速上升，即在雨量充沛的 5—9 月，地下水位较高，如在 2011 年 6 月，该月的降雨量高达 139.3 mm，其地下水位也达到最高（199.3 m），而在旱季的时候下降，即在每年的 10 月至次年的 4 月，P2 中地下水位迅速降低并小幅波动。说明随着海拔的上升，造成滑坡地下水变化的影响因素从库水转换到降雨。此外，野外调查的时候发现从 P2 监测孔内可以看到地下水。

P3 位于滑坡上部高程约 262 m 处。P3 的地下水位虽然在 2010 年夏季有小幅波动（1.45 m），单就整体而言，其在整个监测时段内滑坡上部的地下水位基本保持不变。说明降雨对滑坡上部的地下水变化也有影响，但是影响并不明显。

总体而言，通过对滑坡不同位置的地下水位与降雨和库水数据的监测分析，结果显示：随着海拔的上升，导致滑坡地下水变化的影响因素发生变化，即库水位控制滑坡前部，降雨控制滑坡中部，而滑坡后部的地下水几乎与两者没有任何关系。控制滑坡不同部位地下水位变化的影响因素暗示着周期性的库水波动和季节性的降雨均会对滑坡变形产生影响，前者（周期性的库水波动）影响滑坡前部的变形，后者（季节性的降雨）控制滑坡中部变形。

5.3.2　滑坡深部位移监测分析

开展深部位移监测的一个非常重要的目的就是获取滑坡基覆面的位置和深度[246]。选取位于塔坪滑坡复活区沿剖面线 I-I 附近的不同海拔位置的 3 个测斜仪（见图 5.6 In1，In 2 和 In 3）的深部位移数据进行研究分析。图 5.11 为塔坪滑坡复活区深部位移监测曲线。由图可知，在整个监测时段内（2016.03—2017.06），3 个深部位移监测点的累计位移随着海拔的增加而降低，说明塔坪滑坡复活区变形属牵引式变形。特别地，In3 中的累计位移几乎为零说明塔坪滑坡复活区上部区域处于准稳定状态[见图 5.11(c)]。由 5.11a ~ b 可知 In1 和 In2 的累计位移分别为 100 mm 和 45 mm，月平均速度为 6.66 mm/月和 3 mm/月。根据滑坡分类标准[150]，塔坪滑坡复活区中部及前部滑体表层（粉黏土与碎石）正缓慢蠕滑。进一步分析发现 In1 和 In2 中的深部位移监测曲线形状特征几乎一致。监测数据显示，滑体表层（粉黏土与碎石）累计位移随着深度的增加而降低，而表层材料下方的碎裂石英砂岩层的运动特征类似于刚体运动，即累计位移随着深度的增加几乎保持不变或者略微有降低。上述两层滑体材料的变形特点说明滑体表层材料（粉黏土与碎石）与其下方的碎裂石英砂岩层的接触面很有可能形成浅层基覆面[见图 5.11(a ~ b)PSSS]。

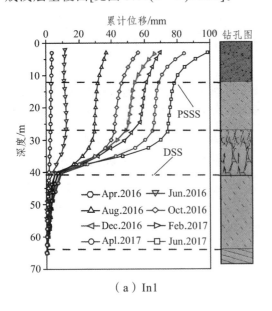

（a）In1

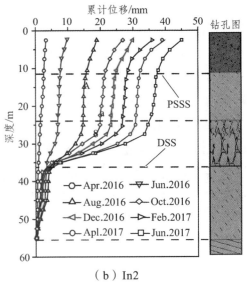

（b）In2

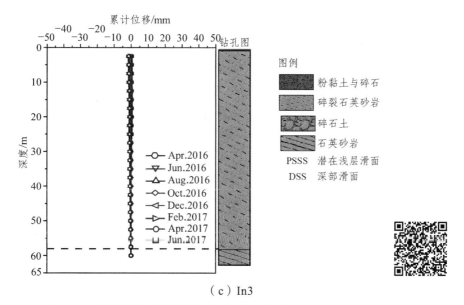

（c）In3

图 5.11　塔坪滑坡复活区深部位移监测曲线（2016.03—2017.06）

In1 和 In2 中的监测数据显示碎石土层中出现了明显的、较大的剪切位移，且其累计位移随着深度的增加而明显降低，而碎石土层下方的碎裂石英砂岩层的变形几乎为零。说明碎石土层是塔坪滑坡复活区的深部滑移变形区，且碎石土层与其下方的碎裂石英砂岩层接触面极有可能形成深层基覆面[见图 5.11(a ~ b) DSS]。监测数据显示深层基覆面的深度约 41 m[见图 5.11(a)]和 36 m[见图 5.11（b）]。值得说明的是虽然监测数据显示碎石土层中出现了比较明显的、较大的剪切位移，但是通过钻孔或者有限的深部位移数据依然很难去识别碎石土层的断续滑移面，而竖井和/或平硐可以有效捕捉到砾石土中的离散剪切面。

通过对滑坡不同位置的深部位移数据的监测分析，结果显示：塔坪滑坡复活区变形属牵引式变形，复活区中部及前部滑体表层（粉黏土与碎石）正缓慢蠕滑，其变形速度分别为 6.66 mm/月和 3 mm/月，而复活区上部区域处于准稳定状态。滑体表层材料（粉黏土与碎石）与其下方的碎裂石英砂岩层的接触面很有可能形成浅层基覆面，碎石土层与其下方的碎裂石英砂岩层接触面极有可能形成深层基覆面。

5.3.3　滑坡地表位移监测分析

自 2009 年 11 月—2017 年 10 月，塔坪滑坡复活区一共有 18 个 GPS 测点，基本覆盖了整个滑坡复活区，监测位置如图 5.6 所示。滑坡最大月变形速度为 0.3 mm/月，滑坡东南区域为强变形区，滑坡后部是准稳定区域。以下分别从滑坡复活区空间分布特征和时效变形规律两个方面对 GPS 地表变形监测数据进行详细分析。

5.3.3.1　空间分布特征

在整个监测时间段内（2009.11 DSS—2017.10），塔坪滑坡复活区一共有 18 个 GPS 测点，其中 8 个 GPS 测点在整个监测时段均完好无损，剩余 GPS 测点或是安装后遭到破坏或是后期才安装。鉴于此，为更好地分析复活区地表变形的空间分布特点，采用月均变形速度进行研究分析。将各 GPS 累计位移换算成月均速度，换算结果见图 5.12。

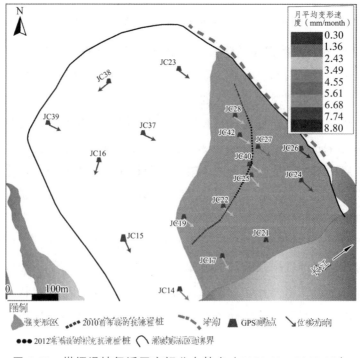

图 5.12　塔坪滑坡复活区空间分布特点（2009.11～2017.10）

由图可知，由于受到微地貌的影响，滑坡上部 GPS 测站的运动方向（JC16，JC23，JC37，JC38 和 JC39，海拔高于 265 m）几乎均与地表等高线垂直。此外，滑坡上部所有 GPS 测站的监测数据显示其水平和垂直月变形速度都非常小（见表 5.1），说明滑坡上部处于准稳定状态，这与深部位移监测数据不谋而合。图 5.12 显示塔坪滑坡复活区地表月均变形速度随海拔的降低而增大，其中东南区域（灰绿色渲染）为强变形区，其范围从坡脚延伸至滑坡中部（海拔约为 247 m）。强变形区中最大地表变形速度出现在滑坡前缘（JC26，8.79 mm/月）。分析认为产生这种空间分布特征的主要原因可能是靠近滑坡前缘位置受库水波动影响非常剧烈，从而导致其变形更加明显。此外，强变形区所有 GPS 测站的运动方向均与地表等高线垂直。

表 5.1　塔坪滑坡复活区所有 GPS 测点监测数据

GPS 测站	累计位移/mm		平均变形速度/（mm/月）		方位角	监测起止时间#	
	水平	垂直*	水平	垂直*		起始时间	终止时间
JC14	68.0	-9.0	1.58	-0.21	162.3	2009-11-6	2013-5-31
JC15	30.3	-15.3	0.70	-0.36	153.2	2009-11-6	2013-5-31
JC16	25.2	-5.3	0.66	-0.10	10.4	2009-11-6	2013-5-31
JC17	238.5	-34.7	2.51	-0.37	153.1	2009-11-6	2017-10-8
JC19	240.8	-195.6	2.53	-2.06	134.0	2009-11-6	2017-10-8
JC21	535.8	-166.2	5.64	-1.75	145.2	2009-11-6	2017-10-8
JC22	321.9	-215.7	3.39	-2.27	139.1	2009-11-6	2017-10-8
JC23	25.7	-28.4	0.30	-0.31	150.0	2009-11-6	2017-3-1
JC24	730.2	-176.5	7.68	-1.86	139.6	2009-11-6	2017-10-8
JC25	277.7	-209.5	2.92	-2.21	144.2	2009-11-6	2017-10-8
JC26	835.3	-107.0	8.79	-1.13	128.4	2009-11-6	2017-10-8
JC27	233.2	-89.9	5.42	-2.09	132.3	2009-11-6	2013-5-31
JC28	263.1	-312.3	2.77	-3.29	115.2	2009-11-6	2017-10-8
JC37	28.7	-18.4	0.43	-0.28	119.5	2011-12-14	2017-4-28
JC38	12.4	-5.1	0.71	-0.30	5.3	2011-12-14	2013-5-31
JC39	12.0	-4.8	0.71	-0.28	92.5	2011-12-14	2013-5-31
JC40	173.1	-155.7	2.74	-2.47	130.6	2012-7-4	2017-10-8
JC42	182.6	-202.6	2.90	-3.22	116.4	2012-7-4	2017-10-8

*负号代表 GPS 的中垂直位移方向是垂直向下。

#表示 JC14，JC15，JC16，JC23，JC26，JC38，JC39 遭到破坏。

进一步地，整个监测数据显示滑坡中部（195～245m）的垂直位移变形速度较大，其最大垂直位移变形速度高达 3.29 mm/月（见图 5.13 JC28）。GPS 监测数据显示复活区中部（JC19，JC22，JC25 和 JC28）的累计垂直位移均比复活区前部（JC17，JC21，JC24 和 JC26）的累计垂直位移大（见表 5.1）。前者最小为 195 mm，而后者最大仅为 177 mm。复活区垂直运动特征可以初步归因于斜坡中部的坡度比坡脚处的坡度更陡。此外，复活区监测数据显示各 GPS 在水平方向变形均大于其在垂直方向的变形。

通过对滑坡复活区地表 GPS 监测数据分析，结果显示：受微地貌影响，复活区所有 GPS 的运动方向均与地表等高线垂直。复活区上部地表变形较小，可视为准稳定状态，复活区中部和下部变形较大，特别地，复活区的东南区域被认为是强变形区，其最大变形速率（8.79 mm/月）出现在坡脚（JC26）。复活区中各 GPS 水平方向变形速度均比垂直方向变形速度大，同时由于坡体中部较前部陡，复活区中部垂直方向变形速度比前部垂直方向变形速度大。GPS 监测结果显示微地貌、库水波动以及地形地貌均会影响复活区地表变形空间分布特点。

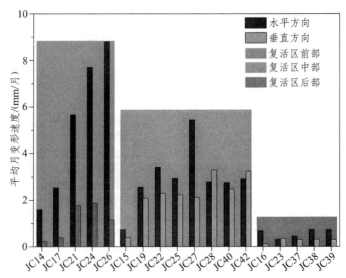

图 5.13　塔坪滑坡复活区中各 GPS 水平及垂直方向变形特点

5.3.3.2　时效变形特点

为进一步分析塔坪滑坡复活区地表变形所具有的时效特点，本小节选取复活区不同位置的 8 个典型 GPS 监测数据进行详细分析研究，所选取的 GPS 测站在整个监测时段内（2009.11—2017.10）均完好无损。它们分别位于滑坡前部（JC21，JC24 和 JC26），滑坡中部（JC22，JC25，JC42 和 JC28）和滑坡后部（JC37）。

图 5.14 表示 8 个典型 GPS 测点在整个监测时段内所测得的滑坡地表变形与库水和降雨的关系。由图可知，累计垂直方向和水平方向的滑坡变形特点与趋势基本一致，即随时间的增加，位移曲线呈"阶梯状"上升，也就是快速变形和缓慢变形交替出现。在每个水文年内，快速变形持续的时间是 3 个月（6—9 月），慢速变形持续时间为 9 个月（10 月—次年的 5 月）。监测数据发现，快速变形阶段一般对应雨季和低水位阶段，而缓慢变形阶段则对应旱季和高水位阶段。截至 2017 年底，滑坡复活区最大地表位移出现在坡脚，累计水平方向和垂直方向位移分别高达 835.3 mm 和-107.0 mm（见表 5.1 JC26）。进一步研究发现，坡脚位置的 GPS 测点（JC21，JC24 和 JC26）在 2010 年 7 月底至 8 月初就以 0.12 mm/d 在运动，随后到了 2011 年 6 月（库水降至 145m），坡脚变形速率增至 1.03 mm/d。作为对比，复活区中部的地表变形非常缓慢，并且在 2010 年夏季的时候其变形速度才达到 0.26 mm/d[见图 5.14(d)]。因此地表时效变形特点进一步说明了塔坪滑坡复活区具有牵引式变形特点，并且快速变形阶段也说明库水和降雨均会促进复活区地表变形。

考虑到塔坪滑坡复活区累计垂直方向和水平方向的滑坡变形特点与趋势基本一致，同时水平方向位移所具有的"阶梯状"特征更加明显且位移量大，因此选取 GPS 测站中的水平方向监测数据进一步分析研究塔坪滑坡复活区时效变形特点。图 5.15 表示 2009.11—2017.10 累计地表水平位移与库水和降雨的关系。由图可知，在整个监测时段内，每年均会出现一次快速变形阶段（简写为：FM）。从 2009—2017 年，一共出现了 8 次 FM。为了进一步了解复活区的稳定性变化情况，采用公式（5.1）提取每次快速阶段的位移增量 Δd，并计算其对应的平均速度 $\bar{v}$，分析 Δd 和 $\bar{v}$ 的变化趋势，进而初步探究复活区的稳定性情况。

$$\begin{cases} \bar{v} = \dfrac{\Delta d}{\Delta t} \\ \Delta d = d_{终止} - d_{起始} \end{cases} \qquad (5.1)$$

式中，Δd 表示每一个快速变形阶段（FM）中的水平位移增量；$d_{起始}$ 和 $d_{终止}$ 表示每一快速变形阶段（FM）的起始位移值和终止位移值；Δt 表示每一个快速变形阶段（FM）的持续时间。

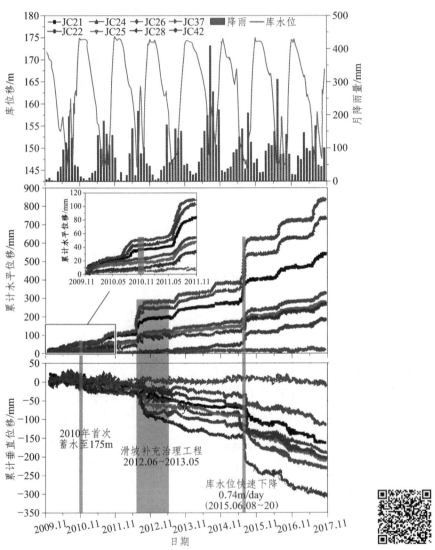

（a）库水和降雨；（b）累计水平位移；（c）累计垂直位移；（d）局部放大图。

图 5.14　滑坡地表变形与库水和降雨的关系（2009.11—2017.11）

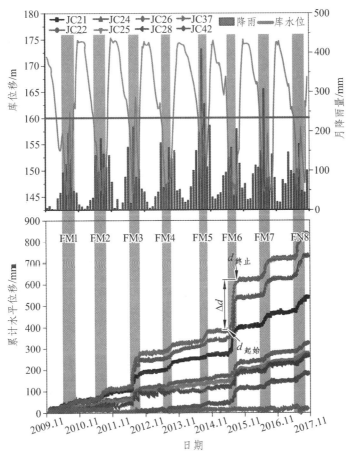

图 5.15　监测时段内累计地表水平位移与库水和降雨的关系（2009.11—2017.10）

根据公式（5.1），提取并计算 8 个典型 GPS 曲线中每一个快速变形阶段所产生的位移增量及其变形速率，相应结果见图 5.16。由图可知，在 2010 年，当库区首次蓄水至 175 m 时，GPS 测点便捕捉到第一个快速变形阶段（FM1），但相对而言，FM1 中的位移增量和平均变形速度均较小。随后在接下来的两年（2011—2012），快速变形阶段中的位移增量和平均速度都逐年增加。在 2012 年，最大位移增量和平均速度分别高达 170.1 mm 和 1.91 mm/d（JC26，FM3）。自滑坡补充治理工程完成后（18 个补充抗滑桩，图 5.12）的两年间（2013 年和 2014 年），与 2012 年中的变形增量相比，FM4 和 FM5 中的位移增量和平均变形速度均逐年降低，最大位移增量和平均速度分别仅有 134.7 mm 和 0.72 mm/d（JC26，FM5）。然而，让人意想不到的是在 2015 年中，FM6 中的位移增量和平均速度分别陡增至 242.5 mm 和 2.64 mm/d。分析发现导致 FM6 出现如此不同寻常变形的原因是：为打捞沉没的"东方之星"号客轮并救助该客轮上的游客，在 2015 年 6 月 8 日至 20 日，三峡库区水位连续 8 天以 0.74 m/d 的速率下降了8.83 m。由于复活区滑体材料渗透系数较小，快速又连续的水位下降产生较大的指向坡体外部的渗透力，进而加速坡体变形。与 2015 年中的位移增量和平均速度相比，虽然 FM6 和 FM7 中的两个数值均明显降低，但却均比 FM4 大。

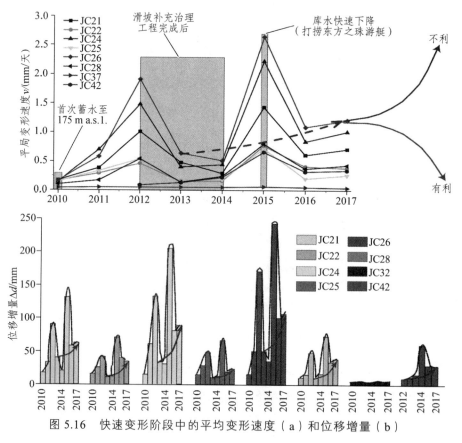

图 5.16　快速变形阶段中的平均变形速度（a）和位移增量（b）

上述研究表明：虽然滑坡补充治理工程使得坡体变形在 2013 和 2014 年得到极大的改善（FM4 和 FM5），但打捞"东方之星"号客轮事件使得塔坪滑坡复活区再一次出现前所未有的剧烈变形（FM6），此后，FM6 和 FM7 中的位移增量和平均变形速度也较 FM4 大。考虑到复活区地表变形具有牵引式的特点，因此可以认为如果后期滑坡复活区变形无法得到缓解，则塔坪滑坡复活区很有可能出现后退式破坏即不利，反之则反即有利[见图 5.16(a)]。

5.4　塔坪滑坡变形影响因素分析

　　滑坡从变形发生到局部破坏或者整体破坏，影响它们的因素有很多。内部因素有地形地貌、地质构造、地层岩性以及坡体组成物质的物理和水力学性质等，外部因素有冰川消融、暴雨、地震以及人类工程活动等。对于库区滑坡，众多研究成果表明，影响其变形的外部因素主要是库水波动和降雨[11, 21, 22, 71, 108, 127, 130, 131, 207, 210]。因此，本节选取 8 个典型 GPS 测点中的水平方向监测数据，详细分析研究塔坪滑坡复活区地表变形与库水和降雨的关系。

5.4.1　库　水

　　根据滑坡时效变形特点可知地表变形每年都要经历一次快速变形和缓慢变形。滑坡快速变形一般在库水下降至较低水位启动，在水位上升时结束。自 2009—2017 年间，一共出现了 8 次快速变形，快速变形阶段基本均在库水下降至低水位阶段启动，特别是当库水下降至 160 m 水位左右的时候。图 5.15 显示每次快速变形启动时所对应的下降期间库水位分别约为：158.4 m（FM1），157.7 m（FM2），162.5 m（FM3），160.2 m（FM4），159.8 m（FM5），161.1 m（FM6），160.3 m（FM7）和 158.6 m（FM8），说明相比于库水上升对滑坡地表变形所产生的影响，库水下降会对滑坡变形产生巨大促进作用。这与滑坡地下水位监测分析结果具有高度相似性。当库水位高于 160 m 时，滑坡前缘地下水与库水位呈明显的正相关性。在此阶段（库水位高于 160 m），地下水位会稍微低于库水位（0.1～1.5 m 水力梯度）。也就是说在高水位阶段，库水会从坡脚进入滑坡，对滑坡稳定性产生一定的积极作用。当库水位低于 160 m 时，坡体前缘地下水基本保持在 160 m 左右。在此阶段，会产生指向坡体外部的渗透压差，特别是当库水持续下降，其渗透压差会越来越大，进而加速塔坪滑坡复活区前部的变形。结合地下水位变形情况和地表变形特点，我们有理由认为库水水位下降阶段中的 160m 库水位很有可能是塔坪滑坡复活区地表快速变形启动的临界关键库水位。

　　为进一步探究库水对坡体地表变形的影响，本小节选取图 5.16 中最后 3 个水文年（2014.10—2017.09）的库水位以及地表水平方向 GPS 监测数据进行详细分析研究。图 5.17 表示 3 个水文年内库水位波动速率与地表水平位移速率的关系。由图可知，在低水位情况下库区水位的快速下降会诱发滑坡地表快速变形，也就是说当库水位从 160 m 下降至 145 m 的阶段内，滑坡快速变形就会产生。表 5.2 是图 5.15 所有快速变形阶段内的库水下降速率和地表水平位移速率的相关信息。由表可知快速变形阶段所对应的库水下降速率均超过 0.3 m/d,因此可以认为当库水位在低于 160 m 的情况下以 0.3 m/d 的速率下降对滑坡的稳定性是非常不利的。进一步地,由表可知库水下降速率越快,坡体地表变形越剧烈。如在 2015 年,库水从 161.1 m 下降至 150.3 m 的平均速率是 0.55 m/d,该水文年内地表快速变形阶段(FM6)平均速率为 2.64 mm/d;再如 2016 年间,库水从 160.3 m 下降至 146.1 m 的平均速率是 0.32 m/d,地表快速变形阶段(FM7)平均速率为 1.09 mm/d。图 5.17 显示每年坡体率先出现最大变形时刻一般对应库水快速下降的末期。

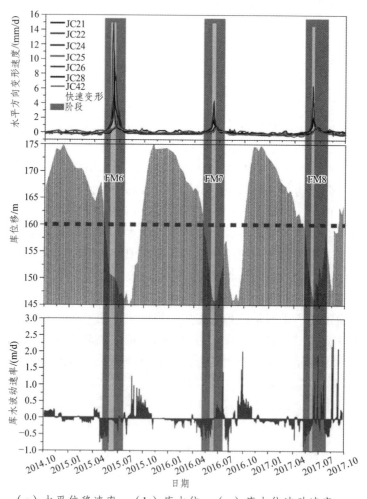

(a)水平位移速率; (b)库水位; (c)库水位波动速率。

图 5.17   库水位波动速率与地表水平位移速率的关系(2014.10—2017.09)

进一步观察发现坡体中部最大变形速度的时刻一般要晚于坡体前部达到最大变形的时刻，时间为 1~2 周（见表 5.2）。考虑到当库区处于低水位运行阶段的时候，坡体前部地下水位基本保持在 160 m 左右，因此可以认为当库水从 160 m 持续快速下降至 145 m，坡体前部会产生较大的指向坡外的渗透压，一方面，较大的渗透压会加速坡体变形，另一方面，由于较大渗透压而产生的较大渗透力会导致坡体内部的水和细颗粒的物质被排出坡体，进而促进斜坡变形。

表 5.2　快速变形阶段中的库水持续下降速率和变形速率的关系

库水下降阶段			快速变形阶段		
库水下降范围/m	库水下降持续时间/d	平均（最大）库水下降速度/（m/d）	序号	平均（最大）地表水平变形速度/（m/d）	坡体中部达到最大变形速度晚于前部最大变形速度的时间/d
158.4→145.7	41	0.31（0.64）	FM1	0.54（1.03）	17
157.7→145.5	38	0.32（0.67）	FM2	1.09（4.82）	10
162.5→146.1	40	0.41（0.63）	FM3	1.57（12.4）	12
160.2→145.3	43	0.34（0.72）	FM4	0.74（1.97）	9
159.8→146.1	41	0.33（0.64）	FM5	0.86（2.01）	11
161.1→150.3	18	0.55（0.76）	FM6	2.64（15.5）	13
160.3→146.1	43	0.32（0.62）	FM7	1.09（4.83）	9
158.6→145.4	40	0.38（0.76）	FM8	1.21（6.69）	10

5.4.2　降　雨

从滑坡时效变形特点可知地表快速变形阶段出现在每年的 6—9 月，该阶段刚好与库水下降以及降雨重合，因此较多文献指出找到降雨也会促进库区滑坡变形的证据比较困难。为了解决这一问题并说明库区季节性降雨也是加速斜坡变形的影响因素，本小节选取图 5.16 中 3 个不同坡体位置典型 GPS 测站的水平方向监测数据、库水位以及降雨数据进行详细分析，其中 JC21 位于复活区前部，JC25 在中部，JC37 在后部。图 5.18 为地表水平位移速率与库水位及日降雨量的联系。由表可知如果加速变形现象出现在快速变形阶段以外，且该现象附近对应于强降雨，则可说明降雨会促进斜坡变形。如在 2010 年 10 月 8 日，对于 JC21（坡体前部），地表变形速率非常缓慢（库水上升，0.04 mm/d），而在 2010 年 10 月 14 出现一次强降雨 30 mm/d[见图 5.18(a)]，地表变形速率则迅速增至 1.1 mm/d[见图 5.18(b)三角形]。同样的现象（快速变形阶段以外出现坡体加速变形）在 2016 年 10 月也被捕捉到[见图 5.18(b)]。

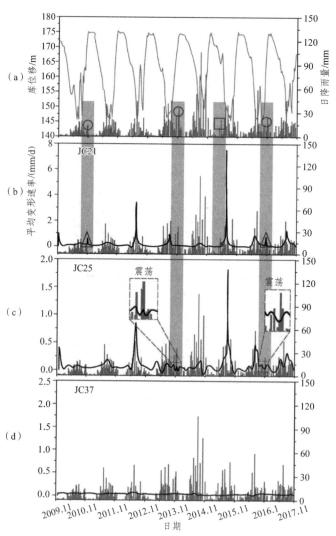

（a）库水位及降雨；（b）坡体前部 GPS 测点；（c）坡体中部 GPS 测点；（d）坡体后部 GPS 测点。

图 5.18　地表水平位移速率与库水位及日降雨量的联系（2009.11 ~ 2017.10）

在滑坡中部，降雨对地表变形的影响呈现出更加明显的趋势。图 5.18c 显示地表变形速率在快速变形阶段以后出现频繁而又明显的震荡现象，该现象与降雨波动具有明显的对应关系。每年复活区的快速变形在库水位下降至 160 m 的时候启动，在库水上升的时候停止。但是这个情况并不能说明塔坪复活区地表变形就是由库水单因素而引起，因为快速变形阶段既对应于低水位阶段也对应于雨季。此外，地下水监测数据表明滑坡中部地下水位主要由降雨控制。在低水位阶段，由于大量雨水渗入坡体，导致地下水位升高，使得坡体内部孔隙水压力或者渗透力增大，进而加速斜坡变形。因此，可以认为降雨也是低水位阶段促使滑坡变形的另外一个因素。复活区后部 GPS 监测点位于强变形区以外，并且其地表变形速率几乎为零，说明复活区后部是准稳定状态。

通过对滑坡变形影响因素监测分析，结果显示：库水和降雨均会对塔坪滑坡复活区地表变形产生重要影响。库水水位下降阶段中的 160 m 库水位被认为是地表快速变形启动的临界关键库水位。当库水位在低于 160 m 的情况下以 0.3 m/d 的速率下降对滑坡的稳定性是非常不利的，并且库水下降速率越快，坡体地表变形越剧烈。地表加速变形现象出现在快速变形阶段以外，且该现象附近对应于强降雨，说明降雨会促进斜坡变形。此外，监测数据表明滑坡中部地下水位主要由降雨控制。在低水位阶段，由于大量雨水渗入坡体，导致地下水位升高，使得坡体内部孔隙水压力或者渗透力增大，进而加速斜坡变形。因此，降雨也会在低水位阶段促使滑坡变形。

5.5　塔坪滑坡变形机理及失稳演化

5.5.1　复活变形机理

影响堆积体滑坡变形发展的因素有很多，诸如地质构造、地形地貌、岩土体强度参数、基覆面形态等。但对于库岸堆积体滑坡，前人研究结果显示滑带土的力学特性以及外部水环境（库水及降雨）是影响其复活变形的主要因素。一方面强降雨或库水位变化引起岩土体物理力学参数改变，水位变动引起渗流场改变，导致岩土材料软化、强度降低；另一方面滑带土常被视为隔水层，水位变动或降雨在滑带附近造成的超孔隙水压力也会诱发库岸堆积体滑坡复活变形。本小节首先通过室内试验研究深部滑带碎石土在不同含水率情况下的强度参数变化规律，基于此，结合滑坡监测数据全面详细地揭示了塔坪滑坡复活变形机理。

5.5.1.1　滑带土剪切力学试验研究

（1）试验仪器介绍。本次剪切试验采用长春科新试验仪器有限公司研究开发的WDAJ-600 型微机控制电液伺服多功能试验机（见图 5.19），该试验机包括试验主机、伺服控制系统、剪切盒和电脑控制器等几个组成部分，其竖向和水平向加压都通过伺服控制系统完成，能够按位移控制加载方式，同时采用高精度力传感器和位移计实时采集数据。设备性能主要技术指标：轴向、切向最大试验力均为 600 kN，位移行程100 mm，力加载速率 0.1 ~ 100 kN/min，变形速率 0.001 ~ 10 mm/min。位移计最大量程 30 mm，精度 0.0001 mm。刚性可拆卸剪切盒尺寸 300 mm×300 mm×400 mm（长×宽×高）。

图 5.19　WDAJ-600 多功能剪切试验机

（2）试验材料介绍。现场勘察发现滑带碎石土主要是由次棱角碎石（15% ~ 65%）和黄色及棕色黏土组成，黏土主要矿物成分为长石（5% ~ 10%）、伊利石（12% ~ 25%）和蒙脱石（<78%）；碎石主要成分是砂岩、泥灰岩和页岩等。现场取样，参照国标《土工试验方法标准》[247]的规定测得滑带碎石土各物理指标（见表 5.3）和级配分布（见图 5.20）。根据表 5.3 可知碎石土的天然重度为 19.5，天然含水量 15.27%，饱和度 47.7%，干密度 1.795，孔隙比 0.516，液性 36.4%，塑性 23.4%。图 5.20 是滑带土颗粒分析结

果。粗卵石（200～630 mm）占比为 5～8%，粗砾（60～200 mm）占比为 20%～35%，细砾（2～60 mm）占比 4%0～55%，砂（0.075～2 mm）占比 10%以及细砂（<0.07 5mm）<2%。不均匀系数 16.7，曲率系数 1.2。

表 5.3　滑带土物理参数

试样编号	天然重度 γ/ （kN/m³）	含水率 w	饱和度 S_r	干密度 ρ_d/ （g/cm³）	孔隙比 n	液性 W_L	塑性 W_P	不均匀系数 C_u	曲率系数 C_c
1	19.44	15.32%	49.6%	1.781	0.533	35.5	21.3	16.2	1.2
2	19.42	15.34%	51.3%	1.794	0.504	37.1	24.6	17.4	1.2
3	19.64	15.15%	42.2%	1.790	0.511	36.6	24.3	16.5	1.2
平均值	19.50	15.27%	47.7%	1.795	0.516	36.4%	23.4%	16.7	1.2

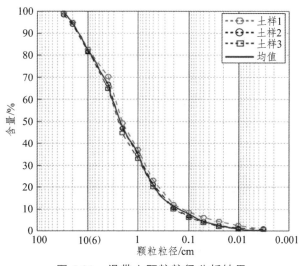

图 5.20　滑带土颗粒粒径分析结果

（3）试验方案设计。通过直剪试验研究碎石土的剪切性能是一种常用的方法。不少研究表明碎石土剪切试验成果的准确度不仅受直剪试样尺寸影响，同时还与粗粒径有关。若试样尺寸太小，试样的级配和土粒分布难以控制，试验结果离散性大；若试样尺寸太大，试样制作困难且重塑质量差异较大。为消除尺寸效应带来的影响，美国材料和试验协会建议将试样最大粒径控制在试样高度的 1/6[248]，日本岩土材料协会认为试样最大粒径控制在试样高度的 1/7～1/5 比较合适[249]，我国国标则推荐将试样最大粒径控制在试样高度的 1/8 ~ 1/4[247]。本次试验将试样最大粒径控制在 6 cm（约 1/6.7 倍试验高度）。试样按照原状碎石土的干密度、孔隙比、级配，使用原状碎石土筛分后的土石料重塑。含水量按夯后原状碎石土含水率 15.27%（47.7% 饱和度）、含水率 18.85%（58.9% 饱和度）、含水率 19.54%（61.0% 饱和度）、含水率 20.21%（63.1% 饱和度）和含水率 26.57%（83% 饱和度）分为 5 个级别，压实度为 93%。鉴于位移伺服控制方式具有在试样剪坏瞬间没有位移突增情况，且可以连续采集峰后数据的优势，本次试验采用位移控制加载方式，剪切速率设定为快剪 2.0 mm/min，试验法向应力设定为 100 kPa、150 kPa、200 kPa 3 个级别，试验总共需配制 15 个试样。如图 5.21 所示，试验过程中，固定下剪切盒，将设定的法向应力施加于上剪切盒，当每小时垂直变形小于 0.03 mm 时认为垂直变形稳定，随后，在保证垂直荷载不变的情况下，以 2.0 mm/min 的速率推动上剪切盒进行剪切试验并使试样在 5 ~ 10 min 内剪坏。若剪应力持续增加或者基本保持不变，剪切变形量达到试样长度的 20%，即 60 mm，则停止试验。

图 5.21　碎石土直剪试验仪

（4）重塑试样制备。试样重塑质量关系整个试验精度，试样制备参照《土工试验方法标准》[247] 的规定实施。试验工具包括：电子台秤、不透水大木板、钢尺、烧杯、喷雾器、铁铲、橡胶锤、标准筛、抹布等。试样重塑步骤包括以下几个部分：

①土样级配重置。采用标准筛[见图 5.22(a)]进行土样颗粒级配测定，随后采用等量替代法将土样中的超粒径颗粒（>6 cm）替换，等量替代法级配按照式（5.2）计算：

$$X_i = \frac{X_{0i}}{P_5 - P_{dmax}} P_5 \qquad (5.2)$$

式中，X_i 表示剔除后某粒组含量（%）；X_{0i} 表示原级配某粒组含量（%）；P_5 表示粒径大于 5 mm 的土粒占总质量的含量；P_{dmax} 表示超粒径颗粒含量。

②取料。根据剪切盒体积，根据式（5.3）计算重置试样中土的总质量，随后根据重置后的碎石土级配，从料桶中取出筛分风干装桶的各粒组粒料，按照从大粒径到小粒径的先后顺序取样，用电子秤称量后，依次放置在不透水木板上，避免漏洒[见图 5.22(b)]；

$$m_0 = \rho_d V(1 + 0.01 w_0) \qquad (5.3)$$

式中，m_0 表示风干后试样的质量（g）；w_0 表示风干后含水率（%）；ρ_d 表示试样干密度（g/cm³）；V 表示击实后土样体积（cm³）。

③拌合粒料。用铁铲拌合粒料至均匀，拌合尽量轻、慢，保证母料在小范围内无单一粒组土粒，拌合后将土样平铺在板上；

④洒水。将烧杯放置在电子台秤上归零后，往烧杯中注入相应水量[见图 5.22(c)]。随后将水灌入喷雾器内并在土样上均匀喷洒。用铁铲拌合后，将土样装入塑料桶，密封保存 24 h。土样中所需水量应按照式（5.4）计算：

$$m_w = \frac{m_0}{1 + 0.01 w_0} 0.01(w' - w_0) \qquad (5.4)$$

式中，m_w 表示试样所需加水质量（g）；m_0 表示风干后试样的土质量；w_0 表示风干后含水率（%）；w' 表示试样所要求的含水率（%）。

⑤试样装盒：从满足含水量要求的母料中取出一个试样质量的粒料分层装入剪切盒并压实[见图 5.22(d)]，分层控制高度依照等密度原则计算。

图 5.22　重塑碎石土试样制作过程

试样装盒时有如下几个控制点：

·每层土样入盒之后，盖上自制铁板并用木槌压实至控制高度，并用钢尺测量盒内钢板四周边缘线与剪切盒外缘的距离，校核压实情况。

·为了减小手工装样对试样剪切性能的影响，在下层土样压实之后，应首先放置上剪切盒和滑动小钢板并固定，同时调整上下剪切盒使盒内壁平整对齐，并用钢尺贴壁控制对齐质量。

·为了防止土样在剪切盒中出现小区域内颗粒粒径均匀化和破碎，在土样装入盒后立即用铁铲轻轻搅拌，并且按照轻锤多击的原则击实试样。

·为防止层间出现预设弱面，每层压实之后进行凿毛处理，再添加上层土样。

·试样在做 100% 饱和度条件下直剪试验之前，按照水头饱和方法，在盛水槽内注水，并保持试样处于饱和状态，湿润 24 h。

（5）试验结果分析。图 5.23 表示不同含水量碎石土样剪切试验结果。根据图 5.23a可知，当含水率一定时，剪切强度随着垂直荷载的增加会增大。如当含水率为 15.27%，垂直荷载从 100 kPa 增至 200 kPa 时，试样剪切强度从 90.1 kPa 增至 147.8 kPa；再如当含水率为 19.54%，垂直荷载从 100 kPa 增至 200 kPa 时，试样剪切强度从 58.2 kPa 增至 110.5 kPa。当轴向荷载一定时，剪切强度随着含水率的增加降低。如当垂直荷载为 150 kPa 时，试样剪切强度由最初（含水率为 15.27%）的 120.3 kPa 降低至 51.9 kPa（含水率为 26.57%）。进一步地，对图 5.23a 的应力数据进行拟合分析，绘制强度包络线获取不同含水量下试样的强度参数（内聚力和内摩擦角），结果见图 5.23b。由图可知，碎石土的强度参数与含水率呈负相关，即碎石土的强度参数随着含水率的增加而降低。如当含水率从 15.27% 增至 26.57% 后，试样内摩擦角从 31.1° 降至 14.6°，降幅达 53%；试样内聚力则从 24.1 kPa 降至 6.3 kPa，降幅高达 73%。

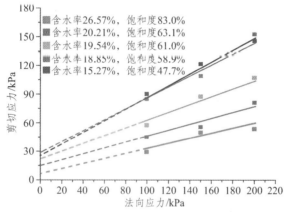

（a）法向应力和剪切应力关系

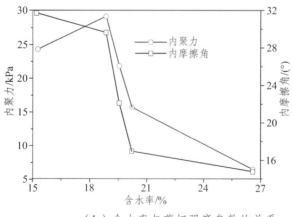

（b）含水率与剪切强度参数的关系

图 5.23　不同含水量碎石土样剪切试验结果

5.5.1.2 库水-降雨耦合作用下滑坡复活机理

对于库岸堆积体滑坡，库水和降雨被认为是导致此类滑坡复活变形的关键外部因素，而库水和降雨所引起的坡体材料含水率和渗流条件变化则被视为滑坡复活的内在机理[175, 250]。研究认为[251]库水位下降会丧失其对岸坡下部的扶壁效应，进而恶化斜坡稳定性[见图 5.24(a)]。此外，复活区地下水监测数据显示 160 m 库水位可能是坡体前部渗流方向发生变化的关键水位。低于该水位时，复活区前部地下水基本保持在 160 m 附近。因此，当库水位从 160 m 持续快速下降至 145 m 的过程中，坡体前部将会产生指向坡体外部的较大的渗透压或动水压力[见图 5.24(a)]，使得坡体内部的水和细颗粒物质被排出坡体[见图 5.24(d)]，进而导致坡体结构更加松散。考虑到库水下降阶段同样对应于库区的雨季，强降雨或者暴雨会使得大量雨水渗入坡体，导致坡体地下水位上升（P2，图 5.10）。同时，雨水入渗会导致滑带碎石土层的含水率上升并且扩大坡体上部区域高含水率范围，进而恶化其强度参数。根据图 5.23(b)结果可知，含水率从 15.27%增至 26.57%后，试样内摩擦角降幅达 53%；试样内聚力降幅更是高达 73%。一方面，库水下降会导致坡体前部地下水位降低，另一方面雨季却使得坡体中部地下水上升，二者导致坡体前部和中部的水头差或者水力梯度更是高达 55 m，如此高的水头差或水力梯度同样也会导致滑坡产生复活变形。上述结果表明由库水下降和雨季所产生的不利因素是导致滑坡复活变形的主要因素。一些涉及库区其他滑坡案例的研究结果也同样说明库水下降和降雨是库区滑坡复活变形的主控因素[11, 112, 252]。因此库岸滑坡的快速变形阶段往往出现在夏季，夏季雨量丰富，同时库区在夏季为了防洪会开闸降低库水位。

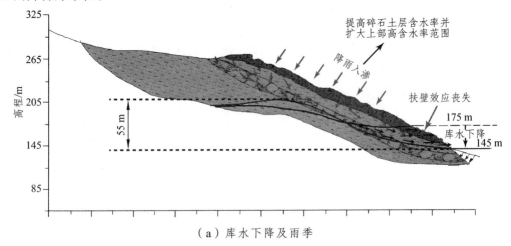

（a）库水下降及雨季

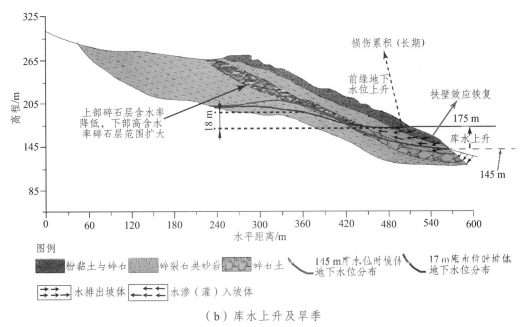

（b）库水上升及旱季

图 5.24　塔坪滑坡复活区复活机理概要图

　　滑坡变形被触发后其变形速率会增大，但后期会逐渐降低并在库水位上升的时候其变形速率接近零（见图 5.17）。监测数据显示塔坪滑坡复活区地表缓慢变形（变形速率接近于零）阶段往往出现在库水上升阶段，而该阶段刚好对应于旱季。旱季的时候雨量骤降，因此监测数据显示坡体中部地下水降低（P2，图 5.10），故而碎石土层中的含水率也会降低。根据图 5.23(b)结果可知剪切强度参数则会由于含水率的降低而增加。此外，旱季的时候往往对应于库水位上升阶段。一方面，库水上升会导致坡体前部地下水位升高，另一方面旱季会使得坡体中部地下水下降，二者会明显降低坡体前部和中部水头差或者水力梯度。图 5.24(b)显示最低水头差仅有 18 m。进一步地，库水位上升还会恢复扶壁效应，遏制坡体变形，并且该效应会由于库区水位不断上升而更加明显[112, 113]。因此，监测数据显示库岸滑坡的缓慢变形阶段往往发生在库水上升阶段。但从长远来看，库水位上升引起的扶壁效应会明显减弱，这是因为水位上升会导致库水渗入甚至倒灌进入坡体内部（P1，见图 5.10），降低有效应力，饱和坡体材料。长此以往，库水的入渗引起的水岩相互作用也会恶化坡体强度参数。在美国，自 1941 年大古水库蓄水后的 12 年间，大约 500 个库岸滑坡事件被发现，其中 50%的滑坡是由库区蓄水而诱发[93, 94]；在日本，约 40%的水库滑坡发生在水库蓄水初期[95]。在我国，三峡库区千将坪滑坡[10, 92, 158]和拓溪水库塘岩光滑坡[89]则是非常典型的由于蓄水而导致的滑坡灾害。鉴于此，在经历有限个库水上升和下降的循环后，塔坪滑坡复活区前部也出现了小范围的局部滑塌现象（Site7，见图 5.5）。

5.5.2　滑坡失稳演化过程

GPS 监测数据显示地表变形速率在库水上升阶段几乎为零，但是库水位上升不可避免地会迫使库水进入坡体，降低有效应力，饱和坡体材料。长此以往，库水的入渗引起的水岩相互作用会恶化坡体强度参数，对坡体稳定性造成一定的影响。此外，地下水监测数据显示当库区水位处于低水位阶段时，复活区前部地下水基本保持在160 m 左右。当库水位从 160 m 降至 145 m 的过程中，库水下降速度越快，产生的指向坡体外部的渗透力或者动水压力就越大，进而加速地下水和坡体内部物质向坡外排出。上述两个阶段使得复活区前部非常容易受到库水的影响，特别是浅层物质（粉黏土与碎石）。因此，在经历有限次库水循环后，塔坪滑坡复活区前部极有可能出现小范围的局部滑塌破坏现象[见图 5.25(a)]，现场勘察也验证了该推论（Site7，见图 5.5）。

局部破坏现象的出现意味着库水能够更加轻易地渗入甚至穿透碎裂石英砂岩进入碎石土层。试验研究发现塔坪滑坡复活区深部滑带碎石层的强度参数对水非常敏感，而库水的渗入代表着碎石土层强度的下降（含水率上升），进而加速坡脚的侵蚀破坏[253]。同时，坡体前部的局部破坏也为后部剩余坡体的运动提供了充足的临空面，进而使得表层坡体材料（粉黏土与碎石）沿着潜在的浅层基覆面持续蠕滑[见图 5.25(b)]。此外，现场勘察显示坡体表面分布有大量的裂缝（Site 1，见图 5.5），使得雨水更易进入坡体内部。研究表明大量的雨水入渗会导致坡体地下水位的升高[254, 255]，现场监测数据也证明了该研究结果（见图 5.10）。一方面雨水入渗会增加上部堆积体的下滑力；另一方面地下水位上升不仅会增加碎石土层含水率，而且还会迫使坡体孔隙水压力上升，进而导致碎石层和浅层基覆面的力学强度恶化，促进坡体运动。反过来，坡体运动则进一步导致新裂缝的出现以及已有裂缝向坡体深部发育和发展。因此，在低水位阶段，降雨也会加速斜坡的变形[158, 256]。

随着库水的不断侵蚀破坏以及雨水对坡体材料强度的持续劣化，考虑到塔坪滑坡复活区地表变形具有后退式的特点，因此坡体前部极有可能会率先出现潜在的基覆面[见图 5.25(b)]。一旦潜在的破坏面形成，那么首次滑坡现象很快就会在坡体前部出现。坡体前部首次滑坡产生的扰动会进一步增加剩余坡体表面的裂缝数量，并且促进已有裂缝向坡体深部发展，同时滑坡还会给剩余坡体的运动提供更加充足和宽广的蠕滑变形空间。裂缝数量的增加和尺寸的扩展会加速雨水或者库水进入坡体，使得变形向坡体上部发展；反过来，坡体的持续变形又会导致新裂缝的出现和已有裂缝的发展[见图 5.25(c)]。如此往复循环会让剩余堆积体坡体结构更加松散。当潜在的基覆面形成后，就会导致再一次滑坡的产生。最终，整个塔坪滑坡复活区的破坏率先从坡体前部出现，然后向坡体上部逐级发展，具有多级牵引式破坏的特点[见图 5.25(d)]。

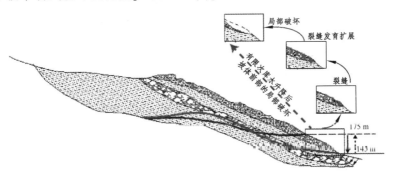

（a）库水波动引起的坡体前缘局部破坏

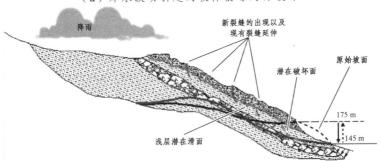

（b）由降雨和库水波动引起的浅层滑移

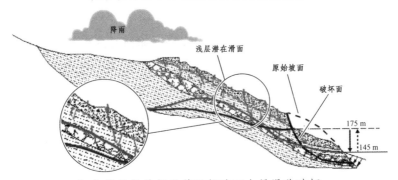

（c）复活区前部沿着深部碎石土层滑移破坏

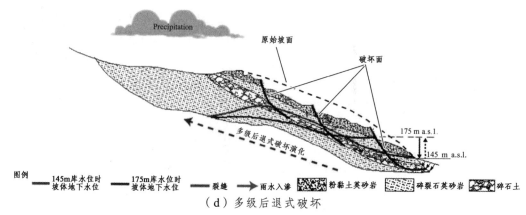

（d）多级后退式破坏

图 5.25　塔坪滑坡复活区多级后退式失稳演化过程

5.6　本章小结

（1）地下水监测数据显示，随着海拔的上升，导致滑坡地下水变化的影响因素发生变化，即库水位控制滑坡前部，降雨控制滑坡中部，而滑坡后部的地下水几乎与两者没有任何关系。控制滑坡不同部位地下水位变化的影响因素暗示着周期性的库水波动和季节性的降雨均会对滑坡变形产生影响，前者（周期性的库水波动）影响滑坡前部的变形，后者（季节性的降雨）控制滑坡中部变形。

（2）深部位移监测数据显示，塔坪滑坡复活区变形属牵引式变形，复活区中部及前部滑体表层（粉黏土与碎石）正缓慢蠕滑，而复活区上部区域处于准稳定状态。滑体表层材料（粉黏土与碎石）与其下方的碎裂石英砂岩层的接触面很有可能形成浅层基覆面，碎石土层与其下方的碎裂石英砂岩层接触面极有可能是深层基覆面。

（3）地表 GPS 监测数据显示受微地貌影响，复活区所有 GPS 的运动方向均与地表等高线垂直。复活区上部地表变形较小，可视为准稳定状态，复活区中部和下部变形较大，特别地，复活区的东南区域被认为是强变形区。复活区中各 GPS 水平方向变形速度均比垂直方向变形速度大，同时由于坡体中部较前部陡，复活区中部垂直方向变形速度比前部垂直方向变形速度大。GPS 监测结果显示微地貌、库水波动以及地形地貌均会影响复活区地表变形空间分布特点。

（4）地表累计垂直方向和水平方向的滑坡变形特点与趋势基本一致，即随时间的增加，位移曲线呈阶梯状上升，也就是快速变形和缓慢变形交替出现。在每个水文年内，快速变形持续的时间是 3 个月（6—9 月），慢速变形持续时间为 9 个月（10 月—次年的 5 月）。快速变形阶段一般对应雨季和低水位阶段，而缓慢变形阶段则对应旱季和高水位阶段。地表时效变形特点进一步说明了塔坪滑坡复活区具有牵引式变形特点。虽然滑坡补充治理工程使得坡体变形在 2013 年和 2014 年得到极大的改善（FM4 和 FM5），但打捞"东方之星"号客轮事件使得塔坪滑坡复活区再一次出现前所未有的剧烈变形（FM6），此后，FM6 和 FM7 中的位移增量和平均变形速度也较 FM4 大。考虑到复活区地表变形具有牵引式特点，因此可以认为若后期滑坡复活区变形无法得到缓解，则塔坪滑坡复活区很有可能出现后退式破坏。

（5）库水下降和降雨被认为是塔坪滑坡复活区地表变形的重要影响因素。库水位下降阶段中的 160 m 库水位被认为是地表快速变形启动的临界关键库水位。当库水位在低于 160 m 的情况下以 0.3 m/d 的速率下降对滑坡的稳定性是非常不利的，并且库水下降速率越快，坡体地表变形越剧烈。地表加速变形现象出现在快速变形阶段以外，且该现象附近对应于强降雨，说明降雨会促进斜坡变形。此外，监测数据表明滑坡中部地下水位主要由降雨控制。在低水位阶段，由于大量雨水渗入坡体，导致地下水位升高，使得坡体内部孔隙水压力或者渗透力增大，进而加速斜坡变形。因此，降雨也会在低水位阶段促使滑坡变形。

（6）从内部因素（含水率对滑带土强度参数影响）和外部诱发因素（降雨和库水）两方面分析塔坪滑坡变形机制。碎石土的强度参数与含水率呈负相关，且对含水率的变化非常敏感。含水率从 15.27% 增至 26.57% 后，碎石土内摩擦角降幅达 53%，内聚力降幅更是高达 73%。低水位期间库水下降产生的不利因素（指向坡外的渗透力、扶壁效应丧失等）以及降雨导致的坡体下滑力增大和中部地下水上升等是造成塔坪滑坡复活区复活变形的重要机理。结合复活区地表变形特点及其影响因素，认为整个塔坪滑坡复活区的失稳破坏会率先从坡体前部出现，然后向坡体上部逐级发展，具有多级牵引式破坏的特点。

第 6 章

上陡-下缓形基覆面堆积体滑坡变形破坏机制
——以藕塘滑坡为例

　　藕塘滑坡行政规划属重庆市奉节县安坪镇，处于三峡库区长江干流右岸，属二期治理项目。安坪镇是三峡工程移民迁建的重点集镇，由于老安坪镇在三峡库区蓄水运行后被江水淹没，因此从 1997 年开始陆续搬到了距老安坪镇东约 5 km 的藕塘村，原有人口 4059 人（现已全部避险搬迁），房屋建筑面积 17.66×10⁴ m²（已全部拆除），耕地面积 1949 亩。截至 2004 年 7 月区划调整，集镇搬迁完成，现安坪镇政府驻地在藕塘村。2009 年 7 月，受三峡工程 175 m 试验性蓄水的影响，藕塘滑坡区出现了地表鼓胀拉裂、房屋变形和挡墙开裂等宏观变形破坏现象。此外，据对藕塘滑坡所做的地质勘查报告及滑坡监测资料显示：该滑坡有从浅层滑坡向深层岩质滑坡演变的迹象，即滑坡后缘山体已失稳，对中前部的滑坡体形成下滑推力加载，故而导致了滑坡（深层）整体复活，滑坡已处于不稳定-欠稳定状态。这将威胁到整个安坪镇上现有全体居民的生命财产安全，同时又将对滑坡前缘的长江航道形成潜在堵塞隐患。因此，重庆市国土资源和房屋管理局及奉节县国土房管局对此事高度重视。受重庆市奉节县地质灾害整治中心委托，重庆市地质矿产勘查开发局南江水文地质工程地质队承担对奉节县藕塘滑坡详细勘察工作；同时另行委托中国地质科学院探矿工艺研究所对藕塘滑坡区进行专业监测工作，查明滑坡的地质环境条件和基本特征，掌握滑坡变形特点，厘清变形影响因素和复活变形机理，并推演重现其可能的变化演变过程，以期研究结果可为滑坡稳定性评价和变形预测预报提供一定的理论依据，同时也为滑坡灾害的风险评价、规避和防灾减灾科学决策提供理论与技术支撑。

6.1　藕塘滑坡工程地质背景

6.1.1　滑坡地质环境条件

藕塘滑坡位于奉节县安坪镇境内,下距奉节县城 12 km,上距重庆 425 km,距长江三峡坝址 177 km。滑坡区位于长江南岸,所在斜坡地貌属浅中切割单斜低山河谷地貌,岩层倾向与坡向近于一致,长江从藕塘北边由西流向北东,与岩层走向夹角为 10 ~ 15°。藕塘滑坡是一个特大型深层顺层基岩滑坡,主滑方向 340 ~ 350°,平面形态呈斜歪"倒立古钟"状,地势南高北低,总体呈折线形斜坡地形,平均坡角约 25°、陡缓相间。滑坡前缘剪出口处于 145 m 江水之下,分布高程 90 ~ 102 m,后缘高程 705 m,滑坡体厚度由坡顶往坡脚增大,一般厚度 27 ~ 70 m(均厚 44 m),最大厚度 128 m,东西宽 550 ~ 1300 m,南北长 1640 ~ 2230 m。面积 $1.71×10^6$ m²,体积 $7.51×10^0$ m³。

按滑坡地质背景以及前期多次勘察资料综合判断,藕塘滑坡是由 3 个次级滑体组成(见图 6.1)。一级滑体在平面上呈斜歪倒立古钟状,西侧以岩脊为界,东侧冲沟为界,主滑方向约 345°。后缘高程 300 ~ 370 m,剪出口高程 90 ~ 102 m;滑体纵长约 880 m,横宽约 1100 m,滑体平均厚度约 70.3 m,面积约 $92.2×10^4$ m²,体积约 $6.48×10^7$ m³。监测资料显示一级滑体前缘两侧存在有两个强变形区,即东侧强变形区和西侧强变形区。西侧强变形区的主滑方向为 330°,前缘高程 142 ~ 166 m,后缘分布高程 201 ~ 207 m,西侧边界与一级滑坡边界重合,东侧边界沿周家包西侧冲沟直下。滑体纵长约 245 m,横宽约 180 m,面积约 $4.41×10^4$ m²,滑体均厚约 23.0 m,体积约 $100×10^4$ m³。东侧强变形区主滑方向为 23°,前缘高程 148 ~ 151 m,后缘分布高程 260 ~ 274 m,东侧边界与一级滑坡边界重合,西侧边界沿小山脊直下达简易码头处,滑体纵长约 370m,横宽约 260 m,面积约 $9.62×10^4$ m²,滑体均厚约 31.4 m,体积约 $300×10^4$ m³。

二级滑体为藕塘滑坡中部一级,呈不规则状,前缘冲覆在一级滑体后缘之上。二级滑体剪出口高程 250 ~ 300 m,后缘高程 400 ~ 530 m。勘察资料显示二级滑体纵向长约 440 m,横向宽约 650 m,面积 $31.6×10^4$ m²,总体方量约 $1.020×10^7$ m³,主滑方向约 345°。滑体平均厚度约 32.3 m,其厚度在纵向上呈后缘薄、中部至前缘逐渐增厚的趋势。

三级滑体位于藕塘滑坡上部,平面上也呈斜歪倒立的古钟状。滑体后缘分布高程 705 m,前缘剪出口覆盖于第二级滑坡体后缘之上,分布高程 400 ~ 530 m。平均纵长约 64 0m,平均横宽约 830 m,面积约 $54.3×10^4$ m²,主滑方向约 345°。三级滑体总体呈中部厚、东西两侧薄和向西呈梯状逐渐抬升的特点,中部滑体厚 30~55 m。东侧滑体厚 14~30 m,西侧滑体厚 25~50 m,平均厚度约 27.2 m,总体方量约 $1.45×10^7$ m³。

图例
三级滑体
二级滑体
一级滑体
东侧强变形区
西侧强变形区
剖面线

图 6.1   藕塘滑坡航拍图

滑坡区构造上位于故陵向斜扬起端附近的南东翼,无区域性大断裂通过,亦无小断层通过,岩层倾向 320~350°,倾角 20~28°。一级滑体外围两侧稳定基岩主要倾向 310~350°,倾角 20~27°;二级滑体外围两侧稳定基岩主要倾向 330~350°,倾角 25~28°。滑坡区西侧从前缘至后缘,倾角 24~28°,东侧从前缘至后缘,倾角 20~28°,即有由西向东变缓的趋势、由北至南变陡的特点,即滑坡体处于岩层产状变化的部位,呈后仰的"圈椅"状,在庙包一带呈反翘状,倾角约 10~15°。据对勘查区内、外基岩露头处裂隙调查统计,区内主要发育有 2 组构造裂隙。第一组裂隙的走向与岩层走向较一致,一般倾向 120~150°,一般倾角 55~75°,间距 1.1~2.0 m,可见长度 1.5~5.0 m;第二组裂隙的走向与岩层走向近于正交,一般倾向 40~70°,一般倾角 60~85°,间距 1.2~3.3 m,可见长度 2.0~3.2 m。

滑坡勘查区为深层基岩滑坡,据地面调查、收集资料及钻探揭露,基岩岩层由老到新主要分为三叠系上统须家河组（T_{3xj}^2）以及侏罗系下统珍珠冲组（J_{1z}），上覆第四系覆盖层由全新统残坡积（Q_4^{el+dl}）、冲积层（Q_4^{al}）、冲洪积层（Q_4^{al+pl}）、滑坡堆积层（Q_4^{del}）组成。

6.1.2　物质组成及结构特征

　　资料显示藕塘滑坡可分为 3 个不同大小的滑体。图 6.2a 表示藕塘滑坡地质剖面图。由图可知，每个滑体均具有圈椅状空间几何特征，即每个滑体的中部及后部较陡，而前部较缓。根据现场调查及地质勘查资料分析得出滑坡物质组成具体如下，其物理参数见表 6.1。

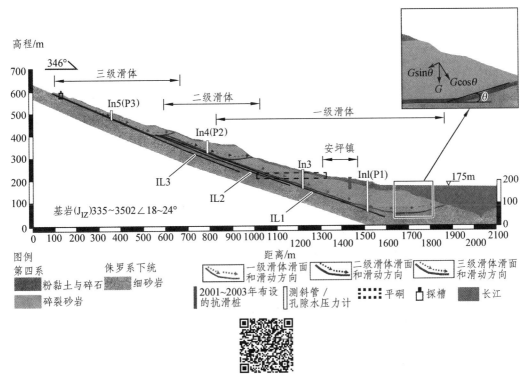

图 6.2 藕塘滑坡地质剖面图（a）；坡脚力学简化图（b）

表 6.1　藕塘滑坡材料物理力学参数

材料类别	重度 γ/（kN/m³）		内摩擦角 θ/（°）		内聚力 c/（kPa）		渗透系数 k/（cm/s）	弹性模量 E/MPa
	天然	饱和	天然	饱和	天然	饱和		
粉黏土与碎石	19.5	20.3	21	17	25	21	1.74×10^{-5}	60
碎裂砂岩	21.0	22.4	29	26	39	33	3.35×10^{-3}	120
滑带	19.0	19.8	18	14	13	8	1.26×10^{-6}	15
细砂岩	24.2	—	34	—	20 000	—	—	26 000

6.1.2.1　滑　床

如图 6.3 所示，滑床岩性由侏罗系中下统珍珠冲组（J_{1z}）的灰～深灰色、中～厚层状、细粒～中粒砂岩组成。岩层产状 330～350°∠17～20°，具有微风化、岩体较坚硬以及透水性差等特点。根据竖井、平硐及钻孔等揭露成果综合分析可知：滑床面形态从横向上看，起伏不大，与上覆基覆面（带）基本保持一致，总体以 4～7°倾角向西缓倾；纵向上从后缘至剪出口处滑床面较陡直，一般倾角 18°24°，岩体较为完整，而在一级、二级和三级滑体前缘剪出口附近的滑床面多呈近水平状或略向上弯曲的弧形状，倾角从 0°渐变到-15°,基覆面之下附近的滑床岩体受上部碎裂岩体滑移拖带影响，产生向上弯折后至剪断破坏，岩体极破碎，受拖带影响后的岩层倾角一般为 30～50°。

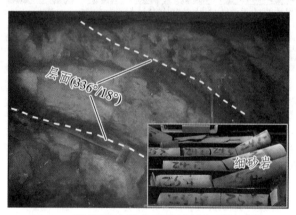

图 6.3　藕塘滑坡滑床组成材料和层面产状

6.1.2.2 滑 带

现场勘察过程中发现藕塘滑坡体内部存在 3 个明显软弱夹层面[编号分别为 IL1，IL2 和 IL3，[见图 6.4(a)]。软弱夹层产状大都为 335～350°∠18～24°，厚度约为 5～45 cm，其组成物质主要是黏土和碎石屑，局部范围内夹有煤线和页岩[见图 6.4(b1)～(b2)）。黏土呈可塑状，碎石具有一定磨圆度，粒径一般为 1～3 cm，岩性主要为砂岩，其中黏土的含量占 60%～70%，碎石屑含量占 30%～40%。通过现场取样以及室内试验分析可得软弱夹层中的主要矿物材料是石英和粘土，二者平均含量分别超过 30% 和70%。其中，黏土成分主要由绿泥石、伊利石和高岭石组成，黏土中绿泥石含量高达74%，伊利石含量为 15%～31%，高岭石含量为 5%～11%。基于平硐和探槽结果，发现滑坡体内软弱夹层 IL3 和 IL1 中存有明显擦痕且表面光滑的剪切面[见图 6.4(c1)～(c2)]，表明该软弱夹层即为基覆面。一级滑体和二级滑体沿着 IL1 滑动，二级滑体沿着 IL3 滑动。电子磁旋共振实验表明藕塘滑坡的表观年龄可以细分为 120～130 ka（一级滑体部分），65～68 ka（二级滑体），47～49 ka（三级滑体）。如图 6.2(a)所示，一级滑体基覆面形态在纵向上由后缘至中部呈近平面状向北西倾斜，与下伏基岩倾角相近，倾角 18～25°，在安坪集镇临江外侧处渐变为近圆弧状，至临江地带则呈近水平或反翘状，一般倾角-15～5°；二级滑体基覆面形态在由后缘至中前部呈近平面状向北西倾斜，与下伏基岩倾角相近，倾角 25～27°，在滑体前部呈切层和反翘剪出，一般倾角-12～4°；二级滑体基覆面形态在由滑体后缘至中前部呈近平面状顺坡向倾斜，倾角 20～25°，在前缘剪出平台附近逐渐转为近水平状至反翘状，倾角 0～10°。

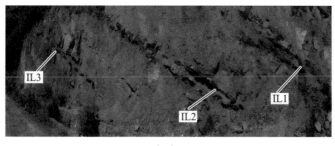

（a）

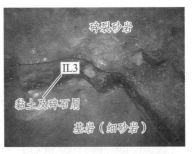

（b1）探槽揭露的软弱夹层 IL1 （b2）平硐揭露的软弱夹层 IL3

（c1）软弱夹层 IL1 中的离散剪切面 （c2）软弱夹层 IL2 中的离散剪切面

图 6.4　软弱夹层露头

6.1.2.3　滑　体

由图 6.2(a)可知藕塘滑坡滑体材料主要是第四系崩塌体，自上而下可分为两层：第一层（表层）是粉质黏土夹碎块石，第二层（深部）是碎裂砂岩。钻孔和探槽结果显示表层材料呈灰褐色、黄褐色，结构稍密[见图 6.5(a)]。粉质黏土呈可塑～硬塑状。碎块石主要由砂岩、粉砂岩及黏土岩碎块石组成，块石块径 1～40 cm，多呈棱角状～次棱角状，土石比 8:2～6:4，广泛分布于一级滑体表层（厚约 3～20 m），二级滑体次级（＜6 m），三级滑体的表层材料厚度最小（＜1.2 m）。第二层（碎裂砂岩）材料是藕塘滑坡滑体的主要组成部分。碎裂砂岩层的颜色以灰色、灰褐色为主，浅褐黄色次之，主要由砂岩、粉砂岩，黏土岩块石组成，局部层间夹少量黏土[见图 6.5(b)]。该层厚度总体自北向南由厚变薄，一级滑体均厚 62 m，最大超过 110 m（一级滑体前缘），二级滑体均厚 32 m，三级滑体均厚 27.2 m。碎裂岩体内部主要发育有两组裂隙，特征如下：①145～175°∠65～80°，裂隙面较粗糙，多呈闭合状，间距 0.3～0.6 m，可见延伸长度 0.5～1.0 m；②265～290°∠80～85°，裂隙面较平整，张开度 5～10 mm，间距 0.5～1.5 m，可见延伸长度 5～8 m。勘察资料显示碎裂岩体内由后缘至前缘岩层产状变化比较明显，但是一级、二级、三级滑体中的碎裂岩体结构具有较高的相似性：任意一级滑体的中后部的碎裂岩体与下伏基岩产状基本一致，层面倾角 15～34°[见图 6.5(c)]，前部碎裂砂岩层面变缓直至近似水平（3°），甚至反翘[见图 6.5(d)]。

（a）粉黏土夹碎块石　　　　　　　　（b）碎裂砂岩

（c）任意滑体中上部碎裂砂岩结构　　（d）任意滑体下部碎裂砂岩结构

图 6.5　藕塘滑坡滑体组成材料及其结构特征

6.1.3　水文地质条件

滑坡区属县区（奉节县）属于亚热带暖温季风气候区，四季分明，春季多雾寒潮，夏季多雨潮湿；年均气温 16.3℃，最高气温可达 42.7℃。奉节县位于昭化-巫山暴雨区边缘，降雨量充沛，年降雨量 1100～1400 mm，最大日降雨量 80～141.3 mm。全年降雨量约 70%集中在 5—9 月，具有明显的集中降雨时域分布特征。

藕塘滑坡位于长江南岸临江斜坡地带，滑坡区地表水汇集于冲沟，最终向长江排泄。滑坡区内长江和大沟、鹅颈项沟及油坊沟等天然冲沟构成地表水排泄网络，长江切割最深，为滑坡区地表、地下水的排泄基准。滑坡区地下水按其赋存形式分为松散岩类孔隙水和基岩裂隙水两种基本类型。孔隙水赋存于滑体内碎石土、碎块石土层及含碎石粉质黏土层的孔隙中，主要接受大气降水的补给，其渗流路径一般较短。泉水点流量一般较小，随季节变化，枯季流量一般 0.5～5 L/min，部分断流；丰水期流量明显增大，可达 10～50 L/min，个别泉水点流量超过 150 L/min。基岩裂隙水主要赋存于须家河组砂岩和珍珠冲组细砂岩中，地下水的运移受地形坡度控制，由高向低径流，在地形转折处多以泉的形式排泄，动态特征受大气降水补给影响明显，以潜流形式向长江运移排泄，一般水位埋深大，处于滑带之上或附近地带。据钻孔注水、抽水试验及泥浆池试坑渗水试验结果统计表明，滑体表层材料（粉黏土与碎石）的渗透系数约为 $1.75×10^{-5}$ cm/s，深部碎裂砂岩渗透系数为 $3.35×10^{-3}$ cm/s，软弱夹层的渗透系数最低为 $1.26×10^{-6}$ cm/s，因此可视为不透水层或隔水层。降雨时雨水在坡面形成地表径流，部分沿地表低洼沟谷向下流入坡脚的长江，部分入渗补给至松散岩类孔隙水含水层，并以径流方式短途补给或就近排泄至下游地带，排泄条件较好，松散岩类孔（空）隙水和基岩裂隙水含水量均不大。水质分析显示藕塘滑坡地下水呈弱酸性（pH=6.99）。

三峡库区修建以前，该地区最高运行水位可达 129.9 m，低水位为 75 m 左右。三峡库区建成后库水位在 145～17 5m 之间波动，6 月份水位降至最低，10 月份库水位恢复至 175 m 正常水位。

6.2 藕塘滑坡变形特征及检测系统布设

6.2.1 滑坡宏观变形概况

自 2009 年 7 月三峡库区 175 m 蓄水以来，藕塘滑坡的前缘两侧就产生了较为明显的变形。受库水位变动和降雨影响，宏观变形迹象一直持续存在，自 2010 年全面专业监测以来，坡体变形十分明显。现场勘查资料显示，各级滑坡体均存在不同程度和范围的变形破坏迹象，如局部坍塌、地表开裂、公共设施破坏等。这些破坏现象被认为是藕塘滑坡复活的强有力证据。对于一级滑体，库区全库容运行后，一级滑体前部被库水淹没，滑体前缘受库水位波动影响十分明显，于 2010 年 5 月发生塌岸现象（见

图 6.6 Site 1）。库水持续不断地冲刷侵蚀影响导致一级滑坡变形破坏由坡体前部逐渐
向坡体上部蔓延，进而导致一些公共设施的破坏，如 2015 年 9 月，安坪小学操场出现
多条裂缝（见图 6.6 Site 2）。

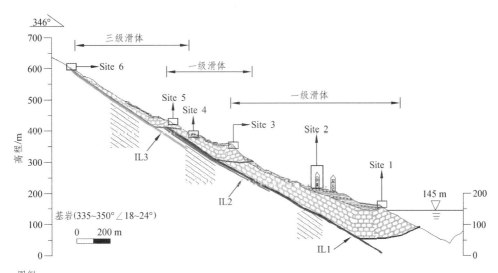

图例　▨粉黏土与碎石　▨碎裂砂岩　▨细砂岩　▽一级滑体滑动面　▽二级滑体滑动面　▽三级滑体滑动面

Site 1 和 Site 2 位于一级滑体；Site 3 和 Site 4 位于二级滑体；Site 5 和 Site 5 位于三级滑体。

图 6.6　藕塘滑坡宏观变形破坏现象

二级滑体处于藕塘滑坡中部，该滑体前部边界为陡坎，其垂直高度可达 8.5 m（见图 6.6 Site 3）。截至 2015 年，二级滑体地表存在多条拉裂缝/槽，同时强降雨后地面沉降现象亦愈趋频繁。图 6.6Site 4 显示一条长达 46 m，宽度 0.1～430 cm，可视深度为 8～95 cm 的地裂缝出现在海拔高程为 290～310 m 处。此外 2013 年 7 月初，强降雨过后出现两个小范围的塌坑。

监测资料以及现场调查资料显示，三级滑体区域变形较为严重，且滑坡复活变形多集中在雨季。据当地相关部门调查统计分析，滑体自 2008 年三峡库区蓄水后变形速度明显加快，宏观变形破坏迹象显著，滑体剪出口位置岩体出现明显剪切裂缝和拉-剪裂缝（见图 6.6 Site 5），另外探槽显示，滑体沿 IL3 软弱夹层移动，随着时间的推移，该软弱层也逐渐暴露在三级滑体后缘（见图 6.6 Site 6）。

6.2.2　滑坡多类型监测系统布设

图 6.7 为藕塘滑坡监测系统布置图。如图所示，研究区监测系统可分为地表监测系统以及地下监测系统，地表监测系统主要监测坡体表面变形，包括地表水平方向位移、地表垂直方向位移；地下监测系统通过布设测斜仪、水压计等仪器，监测滑坡区滑体深部位移、地下水位变化。降雨数据来源于奉节县气象站，库水位数据来源于中国长江三峡集团有限公司（https://blog.cuger.cn/p/54193/）。

地表位移通过高精度 GPS 测得，该 GPS 自动监测系统水平位移测量精度为 2 mm+1 ppm，竖向位移测量精度为 5 mm +2 ppm，滑坡整体布置 29 个 GPS 监测站，监测点均匀分布于滑坡体各个区域，详细位置如图 6.7 所示，地表位移监测时长为

2010.12—2017.04（见图 6.8）。

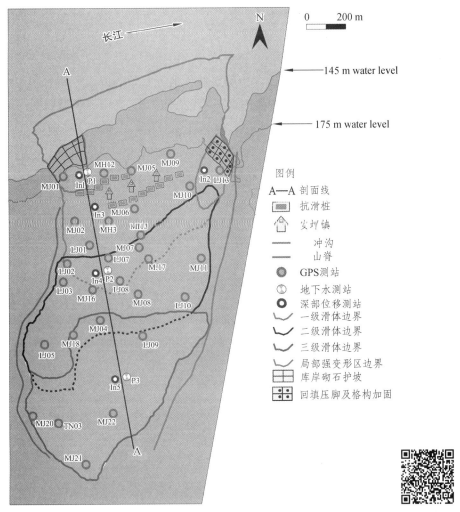

图 6.7　藕塘滑坡监测系统布置图

　　为了确定地下岩层运动状况以及基覆面的位置，在各次级滑体及东、西部强变形区共布置 5 个测斜仪（5 处测斜仪分别标注为 In1、In2、In3、In4 和 In5），位置分别位于海拔 187、218、223、338、520 m 处（见图 6.7）。测斜仪 In 1、In 2 位于一级滑体前缘东、西强变形区域，测斜仪 In 3 位于一级滑体区域，In 4 位于二级滑体区域，In 5 位于三级滑体区域。通过测斜仪确定滑体不同深度的位移，从而确定滑坡基覆面位置，深部位移监测时长为 2011.07—2013.12（见图 6.8）。

如图 6.8 所示，为防止出现溃堤等地质灾害，雨季（6—9 月）库区一般处于低水位运行状态，汛期库水位波动范围为 145～155 m，旱季（10 月—次年 5 月）库水位恢复至高水位，期间库水位维持在 170～175 m 范围。由于库水波动以及降雨入渗会对坡体内渗流场造成不同程度影响，为进一步确定坡体地下水位与降雨、库水位等水文因素之间的关系，对藕塘滑坡各次级滑体内地下水位变化情况进行了长期监测。于 2010 年 12 月完成 3 个次级滑体区域地下水位监测钻孔施工（3 处水压计分别标注为 P1、P2 和 P3），水位仪 P1、P2、P3 分别位于藕塘滑坡一级滑体、二级滑体、三级滑体区域，响应海拔高程分别约为 187 m、338 m、520 m。地下水监测时长为 2010.12—2013.12（见图 6.8）。

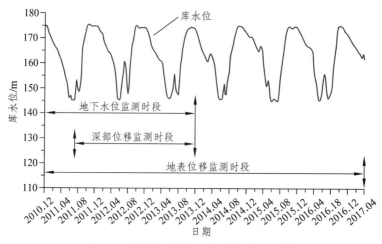

图 6.8　地表以及地下监测的监测时长

6.3　藕塘滑坡动力响应特征

6.3.1　地下水监测结果分析

图 6.9 表示藕塘滑坡不同位置地下水位与库水和降雨的关系。监测显示藕塘滑坡不同位置地下水位受库水以及降雨的影响程度不同。P1 监测数据显示，滑坡前部地下水位与库水位变化呈正相关，即库水蓄水时，地下水位上升，反之则反（见图 6.9a）。

值得注意的是，前部地下水位的下降往往要滞后于库区水位下降。如监测数据显示库水位在 2010.12.10 开始下降，但是 P1 中地下水位在滞后半个月后（2010.12.25）才开始下降；这样的现象在 2011.11 和 2013.12 均有出现。分析认为导致这种现象（滑坡前部地下水变化滞后于库水位变化）的原因有可能是表层滑体材料的渗透系数较低（1.75×10^{-5} cm/s）。相反，降雨因素相比库水位对一级滑体区域地下水位的影响程度较小，原因可能是一级滑体的覆盖层较厚（均厚 70.3 m）并且表层材料（粉黏土与碎石）渗透系数较小，导致雨水很难渗入。因此可以认为库水位是藕塘滑坡一级滑体地下水位变化的主控因素。

P2 监测数据显示二级滑体地下水位旱季时几乎保持不变，而雨季时则有波动[见图 6.9(b)]。如 P2 中地下水位达到最高（305.1 m）是在 2012 年 6 月，此时月降雨量高达 275.2 mm。类似的情况（P2 中地下水位上升）在强降雨时期频繁出现，说明二级滑体地下水位变化主要受降雨影响，但是其影响程度不明显，因为监测数据显示 P2 中地下水位的最大波动幅度仅有 5.2 m，仅仅是一级滑体地下水波动范围的 1/4（一级滑体中的最大水位波动范围是 23 m）。其原因一方面是二级滑体区域与长江 175 m 水位水平距最大可达 920 m，库水很难渗入该区域；另一方面该次级滑体覆盖层较厚（均厚 32.3 m），雨水入渗较为困难，降雨量较小情况下，雨水基本顺坡体表面径流，只有强降雨条件下，雨水才可以部分渗入下部碎裂岩石堆积体，抬升地下水位。

随着海拔高度以及距库岸水平距离的增加，库水对藕塘滑坡中后部的影响程度也是逐渐减弱，这一现象在三级滑体地下水位变化得到证实。P3 监测数据表明滑坡后缘地下水位变化规律基本不受库水位波动影响而与季节性降雨关系紧密[见图 6.9(c)]。雨季时地下水位明显上升，旱季该区域地下水位迅速恢复。监测数据显示三级滑体地下水位变化幅度高达 17 m，且其最高水位在 2012 年 8 月达到 512 m，期间月降雨量高达 231 mm。

上述监测数据分析研究结果揭示：滑坡前缘（一级滑体）地下水位主要受库水位波动影响，地下水位变化规律基本与库水位变化规律一致；滑坡中部（二级滑体）地下水位与降雨有关，降雨对其影响程度比较有限，因为只有强降雨的时候地下水位才有较小幅度变化；滑坡后部（三级滑体）地下水位变化规律与库水波动无关，主要受降雨因素影响，雨季地下水位明显抬升，旱季地下水位迅速回落并保持稳定。

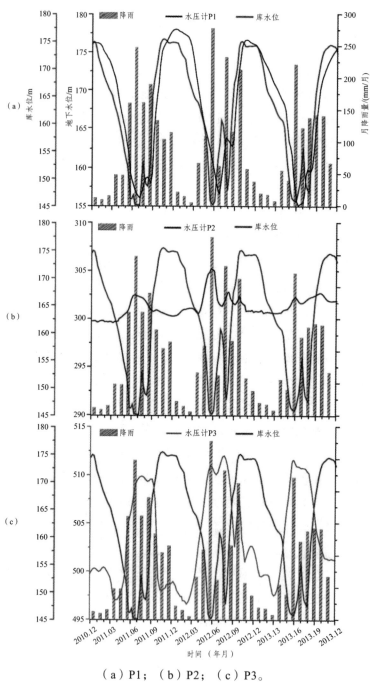

（a）P1；（b）P2；（c）P3。

图 6.9   地下水位与库水和降雨监测对比图

6.3.2　深部位移监测结果分析

图 6.10 表示藕塘滑坡深部位移监测结果,其中测斜仪 In 1、In 2 位于一级滑体前缘西侧和东侧强变形区域,测斜仪 In 3 位于一级滑体区域,In 4 位于二级滑体区域,In 5 位于三级滑体区域。整体而言,所有测斜管监测数据均显示累计深部位移随着时间推移逐渐增加。此外,监测曲线形状显示,由地表至基覆面之间的滑体随着深度的增加,位移量略微有减小。

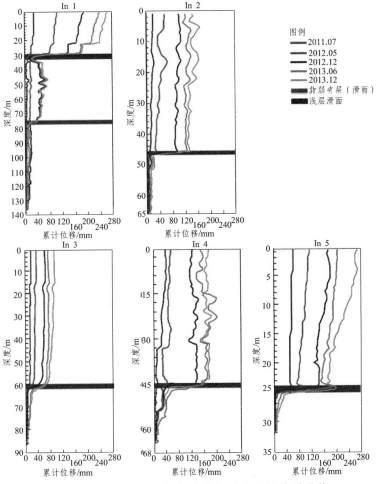

位于西侧(a)和东侧(b)的局部强变形区的测斜管;
位于一级(c)、二级(d)和三级滑体(e)的测斜管。

图 6.10　藕塘滑坡深部位移监测结果

图 6.10 In1 显示在深度为 29 m 位置出现了明显的剪切位移，该位置刚好为西侧强变形区表层材料（粉黏土与碎石）与碎裂砂岩的接触面。此外，另外一个相对较为明显的剪切位移在距地表深度为 76 m 的位置也被捕捉到，说明西侧强变形区有演化为深部滑移的趋势。对于东侧强变形区，图 6.10 In2 显示东侧强变形区产生明显剪切位移的位置位于距地表约 47 m 处，该位置刚好对应于 IL1，因此可以认为东侧强变形区沿 IL 运动。此外，监测数据显示其累计位移量（136 mm）要低于西侧强变形区的累计位移量（262 mm）。

其他 3 个测斜管监测数据显示滑体累计位移随着海拔的降低而增加。三级滑体变形速度最大，9.13 mm/月（见图 6.10 In5）；二级滑体次之，6.03 mm/月（见图 6.10 In4）；一级滑体变形速度最小，3.05 mm/月（见图 6.10 In3）。因此可以认为藕塘滑坡正处于由上部滑体推着下部滑体缓慢蠕滑的变形状态。位移-时间曲线图显示发生剪切位移的位置刚好对应软弱夹层的位置。一级滑体、二级滑体、三级滑体分别在距地表约 60.3 m、45.6 m、25.8 m 位置处发生位移突变。此外，现场勘察也进一步证实了一级滑体和二级滑体沿 IL1 滑动，三级滑体沿 IL3 滑动。

通过对滑坡不同位置的深部位移数据的监测分析，结果显示：累计深部位移随着时间推移逐渐增加，且由地表至基覆面之间的滑体随着深度的增加，位移量略微有减小。藕塘滑坡各次级滑体监测结果显示该滑坡正处于由上部滑体推着下部滑体缓慢蠕滑（推移式）。两侧强变形区的存在说明库水影响使得坡体前部具有牵引式特点。西侧强变形区的变形速度要高于东侧强变形区的变形速度，并且西侧强变形区有演化为深部滑移的趋势。测斜管监测数据进一步证明了一级滑体和二级滑体沿 IL1 滑动，三级滑体沿 IL3 滑动。

6.3.3　地表位移监测结果分析

6.3.3.1　空间分布规律

图 6.11 表示藕塘滑坡空间变形特点。由图可知通过滑坡体上大多数 GPS 监测站测得的主滑方位角均指向长江，并且方位角变化范围为 340 ~ 359.3°。只有部分测站 LJ13（东侧强变形区）、LJ02 和 LJ03（二级滑体西侧）的运动方位角变化范围在 3.8° ~ 17.8°，主要原因为 LJ13 测点位于东侧冲沟附近，由于冲沟为滑坡移动提供了良好的临空面，且随着库水位波动以及降雨增加，该处滑坡体受到孔隙水渗透力以及雨水冲蚀等作用，边坡逐渐向冲沟方向移动；LJ02、LJ03 监测站位于西侧山脊一带，滑坡在

变形过程中受到山脊的阻挡作用,滑坡方向发生改变,向远离山脊的方向滑动。图 6.11 可以看出受微观地形影响,各 GPS 测站的滑动方向基本与地形轮廓线相垂直。由于不同监测点监测持续时间不同,因此采用月平均位移速度来表示不同区域的活跃程度,图 6.11 中 GPS 监测站箭头代表滑坡主滑方位角,箭头不同颜色代表该监测站变形速度,蓝色和红色分别代表位移速度最小和最大值。图 6.11 可以清晰看出一级滑体区域变形速度最小,随着海拔高度的增加,坡体变形速度逐渐增加,三级滑体最大月平均变形速度最高可达 12.25 mm/月,三级滑体后缘变形最为明显。

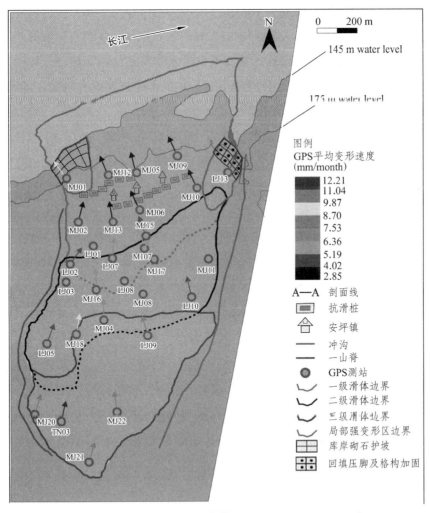

图 6.11　藕塘滑坡空间分布特点（2010.12～2017.03）

监测数据表明，一级滑体前部两侧各存一处局部强变形区域，即西侧强变形区和东侧强变形区。东侧 LJ13 测点的平均变形速度为 5.12 mm /月，西侧 MJ01 测点的平均变形速度为 9.74 mm/月，说明西侧强变形区运动较东侧剧烈。地表 GPS 变形速度规律与测斜管监测数据所得规律高度吻合。可能的原因是，一方面，西侧强变形区位于海拔 145～220 m 处，东侧强变形区位于海拔 170～270 m 处，因此西侧强变形区更易受到库水波动影响；另一方面，西侧强变形区主要为浅层不稳定体且其变形有演化为深部滑移的趋势也可能导致此类结果。二级滑体平均位移速度相对一级滑体（非两侧局部强变形区）较大，平均变形速度约 4.85 mm/月，并且同样存在随着海拔的升高变形速度逐渐增大的趋势。截至目前，监测数据显示变形最快的区域是三级滑体区，该区域 LJ09 测点以及 TN03 测点分别测得最小和最大位移速度分别为 7.62 mm/月和 12.25 mm/月。

通过对藕塘滑坡地表 GPS 监测数据分析，结果显示：微地貌的影响使得各 GPS 监测点的运动方向与等高线垂直。一方面，一级滑体前缘两侧各存在一个局部强变形区，东侧强变形区靠近冲沟，库水的波动和冲沟水体的径流、冲刷可能是其剧烈变形的原因，另一方面，冲沟提供了良好的临空面，导致东侧强变形区 GPS 测点运动方向指向冲沟。西侧强变形区海拔位置低（更易受库水波动影响）且其变形有演化为深部滑移的趋势可能是导致其变形速度大于东侧强变形区的原因。一级滑体区域变形速度最小，随着海拔高度的增加，坡体变形速度逐渐增加，三级滑体最大月平均变形速度最高。产生这种现象的原因有几方面，首先滑体厚度随着海拔的增加而明显较少，三级滑体均厚仅有 27.2 m（表层覆盖材料 < 1.2 m），碎裂砂岩渗透系数 3.35×10^{-3} cm/s 并且其软弱夹层 IL3 在三级滑体后部暴露，因此滑坡中后部，特别是后边，雨水非常容易渗入，弱化滑带力学参数，增加下滑力和孔隙水压力，加速三级滑体变形。相反，一级滑体区域坡体厚度较大[重力 G 较大，见图 6.2(b)]，前缘局部地区更是高达 115 m；此外，一级滑体基覆面在前缘反翘（θ）。上述两个方面使得 $G\sin\theta$（平行基覆面且指向坡体内部）和 $G\cos\theta$（垂直基覆面）会阻碍滑体的变形。

6.3.3.2　时效变形规律

图 6.12 表示藕塘滑坡 8 个典型 GPS 测点的地表位移与库水和降雨的关系。由图可知，随着时间的推移，滑坡累计水平位移和垂直位移呈现出"阶梯式"增长的特点，即较短时间内的快速变形和较长时间内的缓慢变形交替出现。在每一个水文年内（10月—次年 9 月），快速变形一般在 5 月底或者 6 月就开始启动，一直持续到 9 月，持续时长一般为 3 个月，该时段刚好对应于低水位和降雨时期；随后，滑坡变形速度迅速跌落至零附近，一直持续到次年 4 月，持续时长一般为 9 个月，该时段刚好对应于旱季。

藕塘滑坡地表累计变形"阶梯式"增长特点在水平方向上体现最为明显。2010—2017 年间，GPS 一共捕获有 6 个快速变形阶段[FM1 ~ FM6，图 6.12(b)]。图 6.12(d)显示，在坡脚位置，特别是坡脚两侧的强变形区，在库水从 175m 下降到 145m 过程中，于 2011 年 5 月初，东、西两侧局部强变形区 MJ01 和 LJ13 马上监测到地表快速变形（FM1），其变形速度最高可达 0.85 mm/d（MJ01），而在 2011 年 5 月底，其余 GPS 测点（MJ05，MJ06 以及 MJ08）才相继捕捉到坡体以相对较小的速度运动（约 0.12 mm/d）。随后，2012 年 6—9 月，FM2 出现，各级滑体水平方向位移和垂直方向位移明显增加，尤其是滑坡中后部三级滑体区域以及两个局部强变形区域。截至 2012 年 9 月，TN03测得累计水平位移达 208 mm，MJ01 测得累计水平位移达 148 mm。2013 年 4 月，补充治理工程完成后，2013 年中 FM3 的位移增量明显下降[图 6.12(b ~ c)]，但是在 2014年 6 月 ~ 9 月期间，TN03 测得水平位移的增量再一次陡增至 122 mm，坡体快速变形（FM4）现象再次出现，类似的快速变形（FM5 和 FM6）在接下来的 2 个水文年内的雨季同样被监测到。截至目前，藕塘滑坡三级滑体区域变形速度最大，其次为二级滑体，一级滑体最慢，因此可以推断藕塘滑坡中上部具有推移式运动模式特点；一级滑体区域长期受库水侵蚀，东西两侧均发育强变形区且截至目前累计位移最大为西侧强变形区（698 mm，MJ01），因此，滑坡前部有牵引式运动模式特点。地表 GPS 监测数据进一步证实了坡体滑坡具有前缘牵引（库水引起）-后部推移（降雨引起）的复合运动模式。

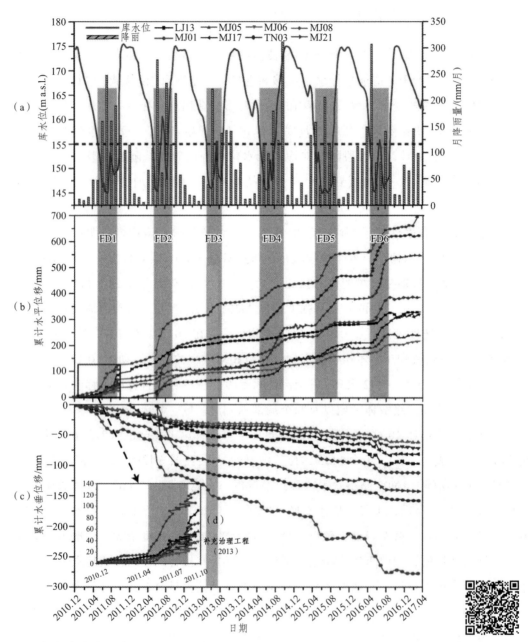

（a）库水位和降雨；（b）累计水平位移；（c）累计垂直位移；（d）局部放大图。

图 6.12　藕塘滑坡地表累计位移、库水位及日降雨量（2010.12—2017.04）

6.4　藕塘滑坡变形影响因素分析

众多研究表明库水和降雨是导致库区堆积体变形破坏的主要外部因素。藕塘滑坡 GPS 监测数据显示地表快速变形阶段刚好与库水下降以及降雨重合，因此比较难以区分斜坡变形的主控因素。为解决这一问题，本小节基于皮尔逊（Person）相关性理论[65, 257]，采用 Python 软件进行编程分析，进一步探明藕塘滑坡变形的外部影响因素。

6.4.1　皮尔逊相关性理论介绍

统计学的相关系数经常使用的有 3 种：皮尔逊（Pearson）相关系数、斯皮尔曼（Spearman）相关系数和肯德尔（Kendall）相关系数。皮尔逊相关系数（P）是衡量线性关联性的程度，其取值范围为[-1，1]。物理意义可以理解为：有两个变量 x 和 y，当相关系数的绝对值（$|P|$）越大（接近 1），说明 x 和 y 的相关性越强；当相关系数越接近于 0，说明 x 和 y 的相关性越弱。通常情况下 x 和 y 的相关性可分为 5 个等级：极强相关（$|P|$=0.8～1.0）；强相关（$|P|$=0.6～0.8）；中等程度相关（$|P|$=0.4～0.6）；弱相关（$|P|$=0.2～0.4）；极弱相关（$|P|$=0～0.2）。皮尔逊相关系数定义为两个变量之间的协方差和标准差的商，其计算公式为：

$$P = \frac{Cov(X,Y)}{\sqrt{D(X)}\sqrt{D(Y)}} = \frac{E((X-EX)(Y-EY))}{\sqrt{D(X)}\sqrt{D(Y)}}$$　　　　（6.1）

式中，P 表示相关性系数；E 表示数学期望值；D 表示方差，D 开根号为标准差；$E((X-EX)(Y-EY))$ 表示随机变量 X 和 Y 的协方差，记为 $Cov(X,Y)$

讨论两变量是否相关必须讨论显著性水平（Sig），不谈 Sig 值而只谈相关系数大小是无意义的，两变量之间的相关关系可能只是偶然因素引起的，所以我们要对两个变量之间的相关关系的显著性水平进行判断。显著水平，就是 Sig 值，这是首要的，因为如果不显著，相关系数 P 再高也没用，可能只是因为偶然因素引起的，那么多少才算显著，一般 Sig 值小于 0.05 就是显著了；如果小于 0.01 就更显著；例如 Sig 值=0.001，就是很高的显著水平了，只要显著，就可以下结论说：两组数据显著相关，也说两者间确实有明显关系。通常需要 Sig 值小于 0.1，最好小于 0.05，才可得出两组数据有明显关系的结论。如果 Sig 值远大于 0.05，只能说明相关程度不明显甚至不相关。

6.4.2　计算结果分析

在计算分析过程中，变量 X 代表库水和降雨，变量 Y 代表地表水平位移。GPS 监测结果显示地表变形具有"阶梯式"特点，考虑到库水在 1 月份就开始下降，而雨季要在 5 月才会来临。为了避免数据遗漏，在保证计算精度的同时降低计算量。选取图 5.12 中库水下降期间所对应的监测数据为本次计算分析数据，即 1—9 月所对应的库水数据、降雨数据和地表水平变形数据。在分析库水与地表位移相关性和显著性中，计算日库水波动速度（$VRWL_1$）和日变形速度（DV_1）。考虑到地表变形有可能会滞后库水位变化，因此增加五日库水波动速度（$VRWL_5$）和五日变形速度（DV_5）；十日库水波动速度（$VRWL_{10}$）和十日变形速度（DV_{10}）。同样地，对于降雨与地表位移相关性和显著性分析，计算日降雨量（R_1）和日变形速度（DV_1），五日降雨量（R_5）和五日变形速度（DV_5）；十日降雨量（R_{10}）和十日变形速度（DV_{10}）。采用 Python 软件，根据上述工况设计分别计算分析库水与地表变形、降雨与地表变形的相关性和显著性，计算结果见表 6.2 和表 6.3。

表 6.2 为库水波动速度与地表变形速度的相关性计算结果。由表可知，所有 GPS 测点的皮尔逊相关系数的计算值 P 均是正数，说明库水下降会促进斜坡变形。此外，对于任意一个 GPS 测点，$VRWL_1$ 和 DV_1 所对应的 P 值均要小于 $VRWL_5$ 和 DV_5 以及 $VRWL_{10}$ 和 DV_{10} 对应的 P 值。如对于 MJ01，日库水下降速率（$VRWL_1$）和日变形速（DV_1）所对应的 P 值是 0.323，五日库水下降速率（$VRWL_5$）和五日变形速（DV_5）所对应的 P 值增至 0.412，十日库水下降速率（$VRWL_{10}$）和十日变形速（DV_{10}）所对应的 P 值进一步增至 0.654。也就是说间隔时间越长，库水与变形的相关性越明显。这种现象在剩余 GPS 测站同样被发现。产生这种现象的原因可能是一方面坡体表层覆盖材料渗透系数较小，另一方面滑坡前部滑体很厚，造成滑坡变形要滞后于库水波动[112，258]。值得注意的是，坡体前部各 GPS 测点（MJ01、LJ13、MJ05 和 MJ06）的显著性计算结果（Sig）均小于 0.001，而坡体中后部各 GPS 测点（MJ17、MJ08、TN03

和 MJ21）的显著性计算结果（Sig）均大于 0.05，因此可以认为坡体前部地表变形与库水波动具有很强的显著性，而坡体中后部则相反。当两个变量之间的相关关系的显著性水平低，即 Sig 值大，那么相关系数 P 再高也没用，可能只是因为偶然因素引起的。库水波动与地表变形的显著性和相关性计算结果说明坡体前部库水和地表变形具有强的相关性和显著水平，而坡体中后部库水波动和地表变形的 Sig 值较大，因此可以说明藕塘滑坡前部地表变形主要由库水控制。

表 6.2　库水波动速度与地表变形速度相关性计算结果

GPS 测点	所处滑体名称	$VRWL_1$ 和. DV_1		$VRWL_5$ 和. DV_5		$VRWL_{10}$ 和 DV_{10}	
		P	Sig	P	Sig	P	Sig
MJ01	一级滑体	0.323	0.000	0.412	0.000	0.654	0.000
LJ13	一级滑体	0.309	0.000	0.326	0.000	0.515	0.000
MJ05	一级滑体	0.315	0.000	0.402	0.001	0.400	0.000
MJ06	二级滑体	0.293	0.000	0.432	0.000	0.511	0.002
MJ17	二级滑体	0.073	0.164	0.125	0.172	0.134	0.128
MJ08	二级滑体	0.091	0.180	0.141	0.167	0.192	0.140
TN03	三级滑体	0.121	0.371	0.301	0.220	0.364	0.230
MJ21	三级滑体	0.108	0.367	0.275	0.210	0.355	0.194

表 6.3 为降雨与地表变形速度的相关性计算结果。由表可知，与表 6.2 的计算结果相似，降雨作用下的所有 GPS 测点的皮尔逊相关系数的计算值 P 均是正数，说明降雨也会促进斜坡变形。此外，对于任意一个 GPS 测点，R_{10} 和 DV_{10} 所对应的 P 值均要大于 R_5 和 DV_5 以及 R_1 和 DV_1 对应的 P 值。如对于 MJ01，日降雨量（R_1）和日变形速（DV_1）所对应的 P 值是 0.232，五日累计降雨量（R_5）和五日变形速（DV_5）所刘应的 P 值增至 0.403，十日累计降雨量（R_{10}）和十日变形速（DV_{10}）所对应的 P 值进一步增至 0.495。也就是说间隔时间越长，降雨与变形的相关性越明显。这种现象在剩余 GPS 测站同样被发现。产生这种现象的原因可能是降雨时间越长，降雨与地表变形的相关性越明显。值得注意的是，不同滑坡位置的 GPS 测点的显著性水平相差较大。坡体前部各 GPS 测点（MJ01、LJ13、MJ05 和 MJ06）的显著性计算结果（Sig）均大于

0.05，而坡体中后部各 GPS 测点，特别是坡体后部（TN03 和 MJ21）的显著性计算结果（Sig）均小于 0.001，因此可以认为坡体后部地表变形与降雨具有很强的显著性，而坡体前部则相反。表 6.3 说明坡体后部降雨和地表变形具有较强的相关性和显著性，而坡体前部降雨和地表变形显著性很差，因此可以说明藕塘滑坡后部地表变形主要由降雨控制。此外，滑坡中部 GPS 测点的显著性水平基本介于 0.010 ~ 0.092，说明降雨对二级滑体地表变形会产生一定的影响，但是比较有限或者不明显，这与藕塘滑坡地下水监测结果（见图 6.9）具有很大相似性。

总体而言，根据皮尔逊相关性计算结果可以认为库水和降雨均会促进坡体变形。显著性水平更是进一步说明了随着海拔的增加，影响藕塘滑坡地表变形的主控外部因素由库水波动过渡至降雨，即库水控制一级滑移变形，降雨控制二、三级滑体变形。

表 6.3 降雨与地表变形速度相关性计算结果

GPS 测点	所处滑体名称	R_1 vs. DV_1		R_5 vs. DV_5		R_{10} vs. DV_{10}	
		P	Sig	P	Sig	P	Sig
MJ01	一级滑体	0.232	0.186	0.403	0.234	0.495	0.211
LJ13	一级滑体	0.092	0.282	0.203	0.114	0.302	0.252
MJ05	一级滑体	0.082	0.172	0.189	0.138	0.294	0.157
MJ06	二级滑体	0.200	0.121	0.347	0.136	0.452	0.121
MJ17	二级滑体	0.227	0.081	0.447	0.092	0.599	0.053
MJ08	二级滑体	0.319	0.010	0.493	0.064	0.641	0.031
TN03	三级滑体	0.267	0.000	0.372	0.000	0.504	0.000
MJ21	三级滑体	0.307	0.000	0.410	0.000	0.672	0.000

6.5 藕塘滑坡变形机理及失稳演化

滑坡多类型监测数据显示藕塘滑坡变形主要受周期性库水升降和季节性降雨影响，基于长期 GPS 监测数据分析和皮尔逊相关性分析认为藕塘滑坡不同次级滑体的变形影响因素不同，即滑坡下部（一级滑体）区域变形主控因素为库水位升降，而滑坡中部以及上部（二、三级滑体）区域主要受降雨入渗影响。根据滑坡时效变形特点可知地表变形每年都要经历一次快速变形和缓慢变形。滑坡快速变形一般在库水下降阶段出现，该阶段刚好与雨季重合，因此降雨入渗和库水升降对藕塘滑坡复活变形更为详细的影响机制还需通过数值模拟方法进一步深入分析。本章节采用 UDEC 离散元数值模拟软件，详细分析了藕塘滑坡在降雨和库水波动的耦合作用下坡体渗流场变化特点，揭示了其复活变形机制。基于此，综合数值模拟分析结果以及监测数据分析结果，再现耦合作用下藕塘滑坡变形破坏演化过程。

6.5.1　离散元（UDEC）简介及流-固耦合计算方法

6.5.1.1　离散元（UDEC）简介

通用离散元程序（Universal Distinct Element Code，UDEC）是由 Cundall 于 1971 首次提出，随后经 Itasca 公司推广并经历近 50 年的发展，目前已成为一款应用非常广泛的二维离散元程序[259]。UDEC 非常适用于处理非连续介质承受静荷载或动荷载时的响应，非连续介质主要由不连续块体（block）和块体之间的接触（contact）组成。块体可以是刚体也可以是变形体，它们都可以按照设定的"应力-应变"准则体现线性或非线性特性，即发生平动、转动或者变形（变形体）；接触的运动一般是滑动或者压缩，由线性或非线性"力-位移"关系控制。UDEC 广泛用于研究边坡的渐进破坏以及评价岩体中不连续面，如节理、断层和裂隙，对地下工程和岩质基础的影响，研究具有不连续特征的潜在破坏模式等一系列具有实际意义的问题[260]。UDEC 中内嵌的渗流模块为研究流-固耦合作用下不连续介质水力学特征提供了可能。

6.5.1.2　UDEC 中流-固耦合计算方法

（1）基本算法。

采用 UDEC 进行流-固耦合分析时，块体一般是透水的，流体仅在裂隙中流动。一方面裂隙渗透性与裂隙在荷载作用下发生变形密切相关；另一方面裂隙中的水压力反过来又会影响裂隙的力学变形[261]。UDEC 中流-固耦合模拟的方式如图 6.13 所示。UDEC 可以模拟裂隙中存在的受限流和自由表面流，其基本算法是瞬态分析，但对于稳态工况，一个更加有效的算法（稳态渗流模型）也被相应提出。此外，在假设流体不可压缩的条件下，也有一个基于试验得到的瞬态分析方法，该方法可加快瞬态分析过程，但其通常只能应用于受限流模拟。

在 UDEC 利用域（domain）结构分析渗流时，对于任意一个紧密压缩的系统（或者不连续块体集合），存在一个域网，每一个域（domain）都被同等压力下的流体充满，相邻域之间通过接触相互关联。如图 6.14 所示，1～6 代表域，1、3、4 和 6 也代表节理（Joint），域 2 位于 3 个节理的交汇处。块体之间的力学关系是通过接触来实现，域则刚好被接触所分离。图 6.14 中字母 A～I 均表示接触。由于变形体被划分为一系列三角形单元网格单元，网格单元节点有可能在块体的角点，也有可能在块体的一条边上。当一个节点遇到另一个块体的一条边或者另外一个块体上的节点时，就会形成一个接触。如接触 D（见图 6.14）。因此，块体 2 和块体 4 的节理是由域 3 和域 4 组成。当一个网格划分更细时，节理就会由多个域组成。

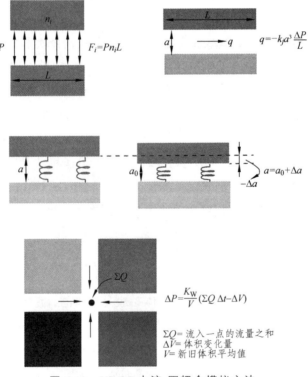

图 6.13　UDEC 中流-固耦合模拟方法

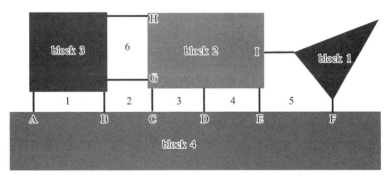

图 6.14　UDEC 中域结构模拟流体在节理中的渗流

在不考虑重力影响下，域网（domain network）中每一个域内的流体压力都是相等的。当考虑重力因素，域内流体压力就会根据静力梯度而线性变化。一般地，域内压力值就等于 domain 中心流体压力值。相邻两个域之间的流体压力差就会造成流体流动。根据接触的类型主要有两种计算流量的方法。

对于点接触（如，角-角产生的点接触，或者边-角产生的点接触 F 和 I，见图 6.14），流体压力为 p_1 的域 1 和流体压力为 p_2 的域 2 之间产生的流量 q 计算公式为：

$$q = -k_c \Delta p \tag{6.2}$$

式中，q 表示流量；k_c 表示点接触的渗透率；Δp 表示考虑重力因素相邻域之间的流体压差，其计算公式如下

$$\Delta p = p_2 - p_1 + \rho_w g(y_2 - y_1) \tag{6.3}$$

式中，ρ_w 表示流体密度；g 表示重力加速度，y_1 和 y_2 表示域 1 和域 2 中心点坐标

对于边-边接触，接触的长度定义为距左边最近的接触点长度的一半加上距右边最近的接触点长度的一半（如 l_D 和 l_E 分别表示接触 D 和接触 E 的长度，见图 6.14）。在这种情况下，流量的计算方式则满足立方定律[262]：

$$q = -k_j a^3 \frac{\Delta p}{l} \tag{6.4}$$

式中，k_j 表示节理渗透系数（理论上等于 $1/12\mu$），μ 表示流体动力黏度；a 表示节理或裂缝宽度；l 表示相邻域之间的接触长度

节理宽度（a）计算公式为：

$$a = a_0 + u_n \tag{6.5}$$

式中，a_0 表示零法向应力下节理宽度；u_n 表示节理法向位移（正值代表节理扩张）。

在 UDEC 中，节理宽度存在一个最小值 a_{res} 和最大值 a_{max}。当节理宽度小于 a_{res} 时，渗透系数不再发生变化；在显示计算中节理宽度最大值由人为设定，一般为 5 倍 a_{res}。法向应力下节理宽度的变化如图 6.15 所示。

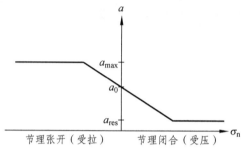

图 6.15　节理张开度与节理法向应力的关系

在 UDEC 计算的每一时步（timestep）中，UDEC 都会计算并更新系统的几何形态，即更新裂缝宽度和域的体积。采用公式（6.2）和（6.4）6.4 计算通过不同接触的流量。随后，根据流入 domain 内的净流量（net flow）以及 domain 周围的块体发生位移或变形而导致 domain 体积变化，进而计算 domain 内新的流体压力大小，domain 内新的流体压力（p）计算公式为：

$$p = p_0 + K_w Q \frac{\Delta t}{V} - K_w \frac{\Delta V}{V_m} \tag{6.6}$$

式中，p_0 表示上个时步中域的流体压力值；Q 表示从周围接触流入 domain 内的总流量；K_w 表示流体的体积模量；ΔV 表示当前时步 domain 内体积（V）和上一时步 domain 内体积（V_0）差，$\Delta V = V - V_0$；V_m 表示当前时步 domain 内体积（V）与上一时步 domain 内体积（V_0）之和的均值，$V_m = (V + V_0)/2$

如果利用公式（6.6）计算得出 domain 内压力为负值，则将其置零，domain 内流体流出进而使得其饱和度 s 下降，新的饱和度计算公式如下：

$$s = s_0 + Q \frac{\Delta t}{V} - \frac{\Delta V}{V_m} \tag{6.7}$$

式中，s_0 表示上一时步 domain 内饱和度。当饱和度小于 1 时，domain 内流体压力为 0；若 $s>1$，取 $s=1$，然后利用式（6.6）计算 domain 内压力。

给定新的 domain 压力，domain 内流体对周围块体边缘施加的力（孔隙力）可计算得到，然后孔隙力混合着外部荷载以及其他形式的作用力进行叠加并作用于块体单元，进而得到新的应力和位移分布。

UDEC 计算一般采用显示流体计算方法，为保证该方法的数值稳定性，那么要求的时步（Δt_f）取值为：

$$\Delta t_{\mathrm{f}} = \min\left[\frac{V}{K_{\mathrm{W}}\sum_i k_i}\right] \tag{6.8}$$

式中，V 表示 domain 的体积；$\sum_i k_i$ 表示 domain 周围所有渗透系数总和。

对于瞬态流分析，数值稳定性的要求会更加严格，并且会导致一些计算非常耗时甚至无法实现，特别是当存在较大的节理宽度和非常小的 domain 体积。此外，当流体充满 domain 的时候，表观节理的刚度会增加 K_{W}/a，进而降低力学计算中的时步。

（2）稳态渗流算法。

一般而言，人们感兴趣的往往是最终稳定状态下的结果。因此，适当地对当前算法做一些修改和简化可极大地提高计算效率，进而更有效地解决问题。稳态（Steady-state）条件不考虑域的体积变化。一个能提高计算效率的方案是，给定域的体积 V，根据表达式（6.8）确定时步，进而使得所有 domain 的时间步长相同。Domain 体积变化对压力变化的贡献也可以忽略，从而消除了力学时步中流体刚度的影响，无须指定流体体积模量。另外，当达到稳定状态后，认为每一渗流时步中水压力的变化很小，这样在每一步的力学时步中执行多步渗流时步也不会降低结果的精度。在 UDEC 中内嵌有一种自适应程序，当任意 domain 内最大流体压力增量超过规定的容差时，该程序就"触发"力学更新。

（3）不可压缩流体瞬态算法。

Domain 内流体压力是根据节理体积变化和流入 domain 内净流量计算得出[见式（6.6）]。当节理宽度较小时，流体就相当于一个刚性弹簧，其刚度要远高于常见节理刚度。在显示计算中，就意味着会降低力学计算中的时步。流体时步，式（6.8）计算得出，与流体体积模拟和渗透率成反比关系。对于一个指定的节理宽度，流体时步一般都是毫秒级。因此，该算法一般只适用于时间较短的渗流模拟分析。为了解决该问题，不可压缩流体瞬态算法应运而生。该方法的具体过程如下：首先根据立方定律计算流量，然后将流量进行代数叠加并乘以流体时步得到流入 domain 内的净流量（ ΔV_f ）：

$$\Delta V_f = \sum q \, \Delta t_f \tag{6.9}$$

UDEC 并没有立即将这个流体体积转化为块体位移，而是将多余的流体存储在 domain 外的一个附加 ballon 中。保持流体时步不变，允许 ballon 中的流体渗入其相应的 domain 中，当 domain 内体积的增量等于'ballon'中流体的体积时，渗流停止。这个过程所涉及节点的运动满足动力松弛方程。流体渗流方程为：

$$p' = p^0 F_p (\Delta V_{stored} - \Delta V_{domain}) \tag{6.10}$$

式中，p'、p^0 分别表示当前力学时步和上一力学时步中 domain 的流体压力值；ΔV_{stored} 表示存储在 ballon 中的初始流体体积；ΔV_{domain} 表示域的体积增量，F_p 表示常数。式（6.10）也可以看成是一种伺服，它能调节渗透压直到 domain 内体积的增量等于 ballon 中流体的体积。

不可压缩流体瞬态算法可执行一连串的流动步骤，时间步长由用户定义。对于每一流体时步，执行一系列的力学松弛步骤，以实现在每个 domain 的流动连续性。假设流体不可压缩，在任意流体步长，流入 domain 的净流量必须等于 domain 体积的增量。不平衡流体体积（两者之间的差值）在弛豫过程中逐渐减小。为此，domain 内流体压力随每个 domain 内不平衡体积成比例地增加或减少。比例因子由一种自适应方案控制，因此，在迭代期间变化以便可以使得计算收敛。

6.5.2　模型建立和参数确定

6.5.2.1　数值模型建立

根据藕塘滑坡地质剖面图[见图 6.2(a)]建立二维滑坡模型（见图 6.16）。离散元模型将滑坡简化为 3 个次级滑体与滑床，并对滑坡边界轮廓做适度光滑处理以方便单元网格划分。具体建模步骤如下：

（1）根据藕塘滑坡地质剖面图，在 AutoCAD 中确定滑坡各次级滑体以及基岩边界，并对滑坡边界轮廓做适度光滑处理。

（2）提取各次级滑体以及基岩边界坐标点并导入 UDEC 中并对其进行节理划分。

（3）基岩层面划分。现场勘察显示藕塘滑坡为顺层滑坡，基岩倾角为 18 ~ 24°。本次模拟综合运用 Jregion 和 Jset 命令划分基岩层面并将其倾角设定为 22°，层厚一致。

（4）考虑到基岩中还存在有其他裂隙（层内节理），故设置一组与基岩层面垂直的裂隙。模拟采用 Crack 命令划分层内节理并将其倾角设定为 68°，使得基岩岩层是由多个不连续岩块（block）组成，岩块长度和岩层厚度比（block 的长宽比）1.0 ~ 3.5。

（5）各级滑体划分。如前节所述，藕塘滑坡各级滑体的组成物质基本相同，即由碎裂砂岩和粉质黏土夹碎块石构成，本模型中碎裂砂岩（及碎块石）被定义为"块体集合"（block），粉质黏土可视为"块体间连接"（contact），具有连接块体作用；利用 Voronoi 命令将各级滑体划分成不同形状和尺寸的块体，需要指出的是，为减少计算机运行时间（由于本模型所用的块体数量很大，达到 9500 块左右，同时又是流-固耦合计算，计算速度已经很慢），各级滑体的 Voronoi 网格边长平均值为 4 m。

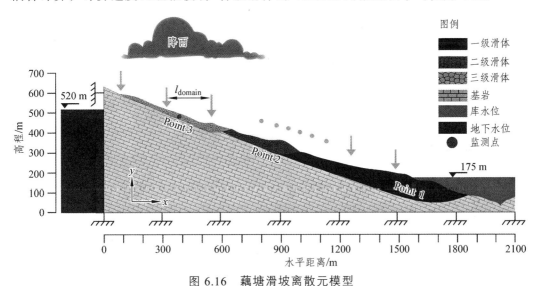

图 6.16　藕塘滑坡离散元模型

6.5.2.2   参数确定

计算参数包含两部分，一是基岩强度参数，二是各级滑体强度参数。根据 6.1 中所列的藕塘滑坡材料物理力学参数并结合前人相关文献研究[263-266]，通过强度校核得到了各级滑体和基岩中块体（block）以及节理（joint）的参数，结果如表 6.4 所示。模型中块体为刚性不透水体，接触单元定义为弹塑性体，边坡变形破坏遵循莫尔-库仑准则。基岩和各级滑体材料的密度分别设定为 2500 kg/m³ 和 2100 kg/m³。本次模拟中，我们将基岩和滑体的节理剪切刚度和法向刚度设置成一样，相应理由如下：一方面，本次模型我们关注的坡体大变形和破坏，块体的累计位移量可达数米甚至数十米。根据前人研究[113, 267, 268]，节理法向刚度量级一般约为 10^{10} Pa/m，因此重力对相同刚度的节理产生的位移误差几乎可以忽略。另一方面，Nibigira 等同样利用 UDEC 模拟了布琼布拉附近的坎约沙河（布隆迪）堰塞坝的形成机理和过程，该模拟中基岩节理和滑体节理的法向刚度和剪切刚度分别均一致[269]。因此，本次模拟将节理的剪切刚度和法向刚度分别设置为 3 GPa/m 和 8 GPa/m。

表 6.4   数值模型块体和节理水力学参数

类型	参数	基岩	一级滑体	二级滑体	三级滑体
岩块	$d/$（kg/m³）	2500	2100	2100	2100
节理	$Jk_s/$（GPa/m）	3	3	3	3
	$Jk_n/$（GPa/m）	8	8	8	8
	$J_f/$（°）	20	10	10	10
	J_c（MPa）	2.0	0.4	0.4	0.4
	J_t/MPa	2.0	0.2	0.2	0.2
	a_{res}/m	0.002	0.005	0.005	0.005
	a_{zero}/m	0.005	0.01	0.01	0.01
	a_{max}/m	0.05	0.1	0.1	0.1

表中：d 表示密度；Jk_s 和 Jk_n 分别表示节理剪切和法向刚度；J_f，J_c 和 J_t 分别表示节理内摩擦角，内聚力和抗拉强度；a_{res}，a_{max} 和 a_{zero} 分别表示最小、最大以及零法向压力下节理宽度。

6.5.2.3　模型边界条件

模型边界条件为：①模型底部无 y 方向位移且不透水；②模型左、右两侧无 x 方向位移；③各级滑体表面为自由排水和变形面。本次流-固耦合计算主要涉及降雨入渗和库水位波动的实现。降雨是向坡表 domain 内注入恒定流量（Q）而实现雨水渗入坡体内部，注入坡体的流量 Q 可以按以下计算公式求出：

$$Q = \frac{P_{\max}}{t} \times l_{\text{domain}} \times d \qquad (6.11)$$

式中，$P_{\max}$ 表示最大降雨量；t 表示时间（1 h）；l_{domain} 表示水流注入点之间水平间距（图 6.16，取 8.3 m）；d 表示坡体 z 方向单位厚度（1 m）。

根据公式（6.11）计算获得注入滑体内部水流恒定流量为 $Q = 0.3$ L/s。这是基于研究区域最不利水文条件：2014 年 8 月 27 日记录的最大日降水量为 105 mm。监测数据显示雨季一般在每年的 6—9 月，水库在此期间处于低水位运行（145 m），故"模拟降雨"过程即为每年 6 月开始注水，9 月结束注水，注水过程中模型前缘库水位保持在 145 m 不变。此外，根据地下水监测数据（P3，见图 6.9），模型左侧保持在 520 m 地下水位边界条件不变（见图 6.16）。

库水是基于 UDEC 内嵌 fish 语言的强大编程功能实现。在边坡右侧表面施加库水位边界条件，水位面以下滑体表面孔隙水压力 p 计算公式为：

$$p = \rho g h \qquad (6.12)$$

式中，ρ 表示水的密度；g 表示重力加速度；h 表示库水位高程。

总体而言库水-降雨联合作用的模拟步骤是：

① 输入模型初始参数，设置位移边界、初始水力边界（左侧设置 520 m 压力水头，右侧库水位 175 m）条件，在自重和 175 m 库水位作用下实现初始平衡稳定，然后再将位移等变形值归零。

② 库水位在 1—5 月份由 175 m 降至 145 m，利用 fish 语言根据实时库水监测数据将式（6.12）产生的水压力作用于在模型右侧，即模拟库水下降。

③ 每年的 6—9 月为雨季，该阶段库水位一般保持在 145 m，因此利用 domain 结构对 145 m 以上滑体表面注入恒定流量（$Q = 0.3$ L/s）水流，即模拟降雨入渗；

④ 库水位在 10—12 月由 145 m 升至 175 m，利用 fish 语言根据实时库水监测数据将式（6.12）产生的水压力作用于在模型右侧，即模拟库水上升。

由于稳态渗流算法具有快速收敛且可人为设置时步的特点，此外，在库区水位调节正常情况下不会发生突变，即水位是缓慢上升或下降，故本次模拟采用的是稳态渗流算法。为使模拟时间和真实时间具有同步性，因此我们设定一个恒定时步，即模型每运算一步就对应真实时间。该时步的确定主要考虑以下两个方面：①时步的量级与前人研究结果一致[270, 271]；②在综合考虑计算效率和精度的前提下，通过多次试错性试验（trial tests）不断修改时步使得数值模拟的累计位移量与 GPS 监测数据基本一致。本模型试验设定的时步为 300 s。

6.5.3　结果分析

6.5.3.1　藕塘滑坡变形机理

为揭示藕塘滑坡在库水-降雨耦合作用下的复活变形机理，本小节将详细分析渗流场和变形场的特点。考虑到在多次库水循环和降雨作用下，坡体内部会出现位移积累，同时又考虑到渗流场的变化每年基本大体相似，因此选取 3 个水文年（2010.10—2013.09）的模拟结果进行详细分析。

图 6.17 表示 2010 年 12 月 18 日（最高库水位，175 m）藕塘滑坡位移场和渗流场特点。由图可知，在最高水位条件下坡体前缘会产生指向滑坡外部的位移矢量[见图6.17（a）]。产生这种现象的原因可能是：当库水处于 175 m 高水位时，一方面，高库水时使得坡脚大部分块体被库水浸泡，坡脚处的孔隙水压力较大，较高的孔隙水压力将导致块体间有效应力下降，进而块体间抗剪强度降低，受此影响滑坡前部强度以及稳定性会降低，最终导致部分块体间的"连接"被"打开"[272-275]；另一方面，图 6.17（b）显示坡体前缘地下水向上向外流出坡体，会产生"拖拽"影响，使得块体位移矢量指向坡外[113, 271, 276]。

当库水位下降时，坡体内部地下水会沿着节理裂隙流动，进而排出坡体，地下水排出坡体的现象在坡脚处非常明显。模拟表明库水下降，坡体中产生指向坡体外部的渗流力占据主导作用，越接近滑坡表面处的渗流速度越大且滑坡表面地表变形越明显。如图 6.18 所示，当库水位从 175 m 降至 155 m（快速变形启动时所对应的库水位，[见图 6.12（a）]，坡体内部渗流速度也从最初的 2.652 dm/s[见图 6.17（b）]增加至4.153 dm/s[见图 6.18（b）]，此外，消落带的最大位移也相应从 2.834×10^{-5} m[见图 6.17

（a）]升至 4.015×10^{-5} m[见图 6.18（a）]。图 6.18a 同样显示随着库水位的下降，滑坡显著变形区向滑坡的前部发展；此外，坡体前部位移方向也从最初的指向坡外过渡至顺坡向下，坡脚处位移矢量表明滑坡体具有向下滑动的趋势。由此可知，在库水位下降时，坡体内产生指向坡外的渗流力，近滑坡表层处渗流速率大。库水下降主要影响滑坡坡脚（与监测分析结果一致），且越靠近坡表，变形越大，持续的库水下降造成滑坡显著变形区顺坡向下移，滑坡体向下滑动。

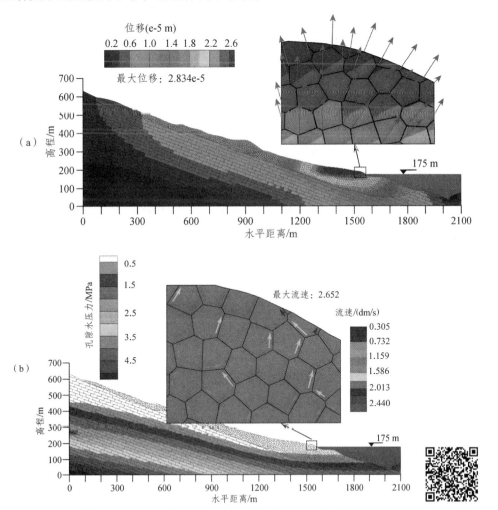

（a）和（b）分别表示 2010 年 12 月 18 日（最高库水位，175m）藕塘滑坡位移场和渗流场特点。

图 6.17　第一个水文年库水最高阶段滑坡位移场和渗流场特点

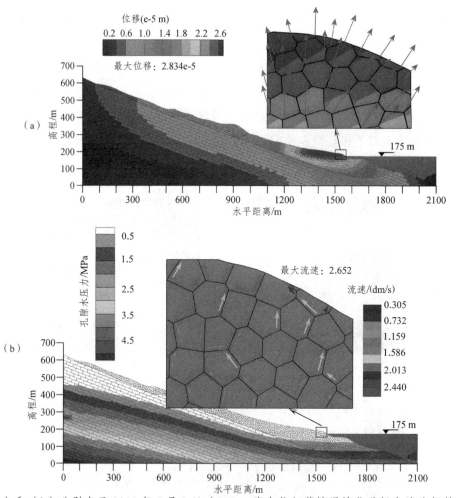

（a）和（b）分别表示 2011 年 5 月 3 日（155 m 库水位）藕塘滑坡位移场和渗流场特点。

图 6.18　第一个水文年库水下降阶段滑坡位移场和渗流场特点

当库水持续下降至 145 m 时，雨季就会来临，此时库水保持在 145 m。图 6.19 表示第一水文年最低水位阶段降雨初期滑坡位移场和渗流场特点，由图可知降雨初期，随着海拔的提高，虽然滑坡最大位移主要集中在坡脚位置，但是显著变形区明显向坡体上部延伸，且具有向坡体深部发展的趋势[见图 6.19(a)]。此外，模拟显示，降雨初期坡体上部块体的位移方向指向坡外[见图 6.19(a)]，该变形特点与最高水位期间坡脚处块体运动方向不谋而合[见图 6.17(a)]。产生这种现状的主要原因可能是：在降雨条件下，雨水会渗入坡体，考虑到该阶段为降雨初期，因此坡体会吸水膨胀，导致块体运动方向指向坡外的宏观现象出现[277]。该现象也说明了降雨是坡体上部变形的主控因素，且在降雨初期坡体吸水膨胀是坡体上部变形的主要机理。

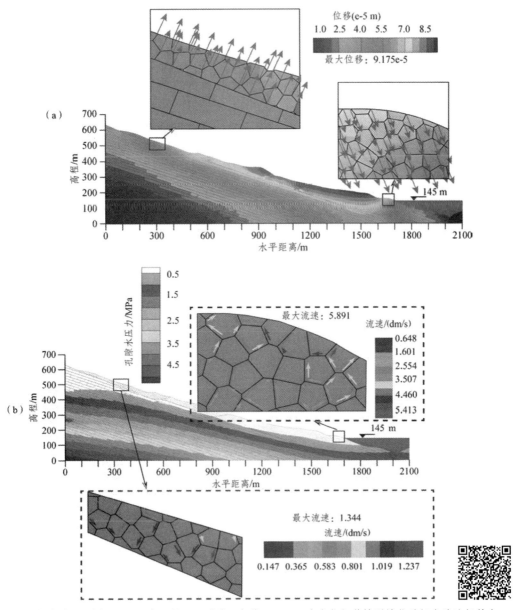

（a）和（b）分别表示 2011 年 6 月 5 日（降雨初期，145 m 库水位）藕塘滑坡位移场和渗流场特点。

图 6.19　第一个水文年最低水位阶段降雨初期滑坡位移场和渗流场特点

随着降雨的不断入渗，滑坡中后部变形量持续增加，最终在坡体前部和后部各出现一个显著变形区[见图 6.20(a)]。产生这样的原因主要有以下几个方面：①库水位持续下降使得坡体前部原有的侧向压力(库水产生的扶壁效应)消失[112]，促进斜坡变形；②库水位下降使得坡体内部地下水不断被排出坡体，坡脚位置渗流速度也不断增大，模拟显示坡脚处渗流速度从最初的 5.891 dm/s[见图 6.19(b)]增加至 8.121 dm/s[见图 6.20(b)]，地下水的流动对滑体产生指向坡脚或者坡外的渗透力，从而加速斜坡变形；③由于滑体厚度随海拔的增加而降低，特别是三级滑体，持续的降雨使得雨水渗入坡体内部的流速越来越快，模拟显示坡体上部渗流速度从最初的 1.344 dm/s[见图 6.19(b)]增加至 5.126 dm/s[见图 6.20(b)]，进而加速坡体上部块体的变形。值得注意的是：降雨的持续入渗，坡体上部块体的位移矢量也从指向坡外[见图 6.19(a)]过渡至顺坡方向[见图 6.20(a)]，因此这也说明显了随着雨水的持续入渗，坡体上部的变形机理也从原有的吸水膨胀逐渐变成渗透控制。

图 6.21 表示第一个水文年库水上升阶段滑坡位移场和渗流场特点。由图 6.21b 可知，当库水位升至 160 m 时，坡脚处出现指向坡体内部的渗流力，越靠近坡表，渗流速率越大。研究表明水位上升一方面会使得扶壁效应恢复，另一方面也会使得库水渗入坡体内部，产生指向坡体内部的渗透力，两方面的影响阻碍坡体变形。如图 6.21(a)所示，坡体前部块体变形指向坡体内部，使得坡体稳定性得到提高。藕塘滑坡地表 GPS 监测数据显示库水上升地表变形速率几乎为零。

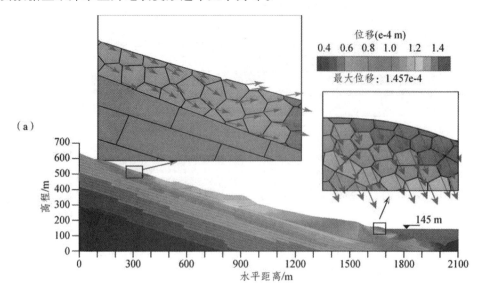

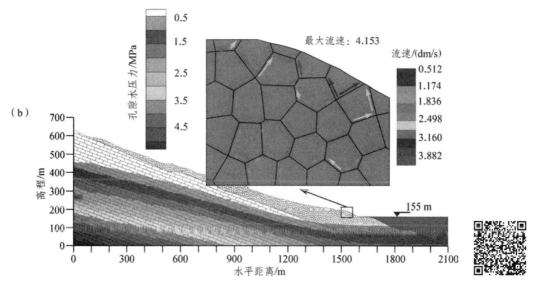

（a）和（b）分别表示 2011 年 9 月 5 日（持续降雨，145m 库水位）藕塘滑坡位移场和渗流场特点。

图 6.20　第一水文年最低水位阶段持续降雨条件下滑坡位移场和渗流场特点

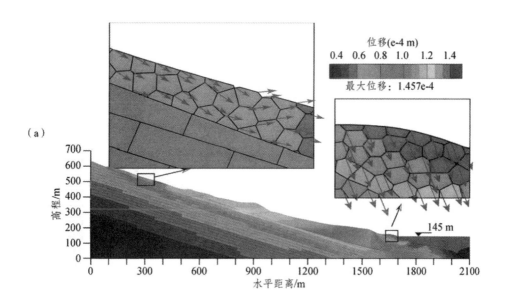

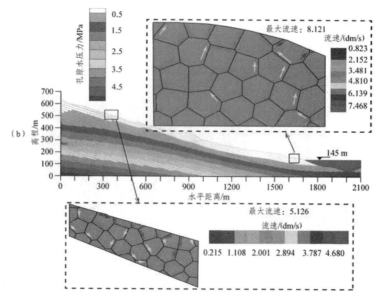

（a）和（b）b 分别表示 2011 年 11 月 10 日（160 m 库水位）藕塘滑坡位移场和渗流场特点。

图 6.21　第一个水文年库水上升阶段滑坡位移场和渗流场特点

　　随着库水位继续上升，图 6.22 显示，当库水位升至最高水位时（175 m），滑坡内渗流速率进一步增加。如当库水位为 160 m 时，坡脚处渗流速度为 1.356 dm/s[见图 6.21(b)]，但当库水位上升至 175 m 时，坡脚处渗流速度增至 2.614 dm/s[见图 6.22(b)]。受此影响坡脚处滑坡体产生指向滑坡内部的位移也越明显，模拟显示坡脚处最大变形从 160 m 水位时的 $6.284×10^{-5}$ m[见图 6.21(a)]降至 175 m 水位时的 $3.295×10^{-5}$ m[见图 6.22(a)]。此外，值得注意的是，坡体上部变形在库水位上升阶段也明显降低。这是因为库水上升阶段对应着旱季，而坡体上部变形主要由降雨控制，当雨季结束后，滑坡体内孔隙水压力逐渐消散，地下水位下降，导致变形产生一定程度的恢复。总体而言，在库水位从 145 m 升至 175 m 的过程中，滑坡前部坡体位移方向由指向滑坡外部逐渐转变成指向滑坡内部，并且滑坡位移明显减小，这是因为一方面库水上升使得坡脚处渗流力方向指向滑坡内部；另一方面扶壁效应的恢复将阻止坡体向外滑动，导致坡体滑动方向指向滑坡内部，且位移量减小。此外，旱季往往与库水上升阶段重合，而滑坡上部变形主要由降雨控制，因此当雨季结束后，滑坡上部孔隙水压力逐渐消散，地下水位下降，导致变形产生一定程度的恢复。这说明在库水上升期间，滑坡稳定性短期内得到提高。

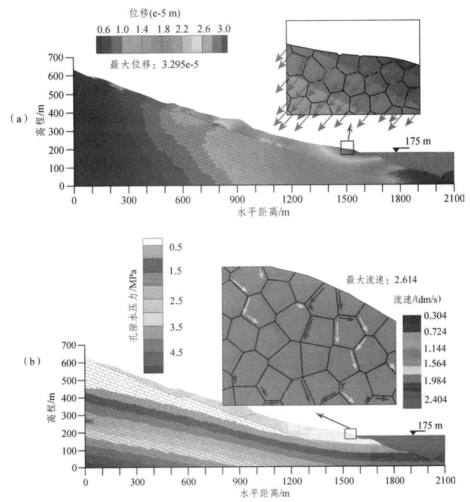

（a）和（b）分别表示最高水位（2011 年 12 月 23 日）藕塘滑坡位移场和渗流场特点。

图 6.22　第一个水文年库水上升阶段滑坡位移场和渗流场特点

　　但正如之前对高水位时的分析，尽管在库水上升期间，滑坡稳定性短期内得到提高，但坡体在长期的周期性库水波动和季节性的降雨影响下，滑坡体内部损伤不断积累（如材料强度降低、有效应力降低等），导致坡体稳定性降低，甚至出现局部破坏的现象，所以长期来看库水和降雨对滑坡稳定性将不可避免地产生不利作用。这一点随着模拟的继续进行将会得到验证。图 6.23 表示 3 个水文年内（2010.10—2013.09）3 个测点 X 方向累计位移。由图可知，每年的 5—9 月地表位移均会出现快速变阶段（FDS）。

第一个快速变形阶段[FDS1，见图 6.23（b）]出现后，会在旱季的时候所有测点的位移均快速恢复，这与第一个水文年滑坡位移场特点完全一致。然而，在第二个水位年时（2011.10—2012.09），3 个监测均捕获坡体在 5—9 月的快速变形[FDS2，见图 6.23（b）]，随后旱季的时候监测点的位移并没有恢复，而是基本保持不变直到下一个快速表现阶段的出现[FDS3，见图 6.23（a）]。因此，可以认为虽然斜坡变形在第一个水文年内总体保持稳定（即位移恢复），但由于水库水位和降雨的持续波影响，使得滑坡体材料强度以及结构出现一定程度的损伤积累，宏观表现为地表变形无法恢复且累计位移不断增大，滑坡稳定性随着时间的推移逐渐下降。进一步地，我们发现累计位移量显示一级滑体位移最大，三级滑体次之，二级滑体最小。这是因为一级滑体靠近库区，库水的波动对滑坡影响非常明显，基于前节之降雨入渗对滑坡影响的分析，由于滑坡体的厚度由前往后逐渐减小，在雨水入渗的不断影响下，渗透力对滑坡上段坡体的作用会愈发明显，进而引发滑坡后部变形逐渐增大。

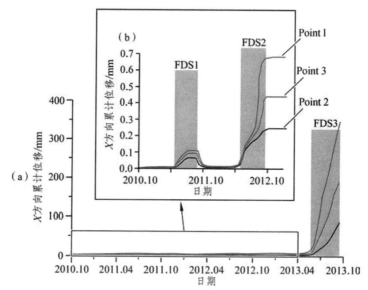

Point 1 位于一级滑体；Point 2 位于二级滑体；Point 3 位于三级滑体，FDS 表示快速变形阶段。

图 6.23　3 个水文年内（2010.10—2013.09）3 个测点 x 方向累计位移

结合藕塘滑坡监测数据分析和数值模拟结果，藕塘滑坡变形机理可归纳为：监测数据显示库水是藕塘滑坡前部地下水变化的主要控制因素，由于坡体前部表层材料渗透系数较小且坡体厚度较大，因此库水位的持续下降将会产生较大的指向坡外的渗透力，使得渗流速度增大（见图 6.17~图 6.20）并加速坡体变形。虽然数值模拟显示库区蓄水会在一定程度上提高坡体稳定性，但周期性库蓄水使得高水位条件下库水会将块体间"连接"容易被"打开"（见图 6.17），另外，从长远来看，高水位条件会造成坡体内部损伤不断积累（如强度降低、有效应力降低等），进而导致滑坡稳定性下降。因此，数值模拟显示虽然地表变形在第一个水文年内出现恢复，但是在随后的两个水文年内均出现阶梯式增长（见图 6.23）。此外，现场勘察显示，在经历几个库水升降循环后，坡体前部出现了局部崩塌现象。皮尔逊系数同样证明库水会促进滑坡变形，显著性水平进一步表明坡体前部变形主要受库水控制（见表 6.2）。

　　监测数据同样显示降雨是藕塘滑坡上部坡体地下水变化的主控因素，数值模拟同样证明了该结论的正确性（见图 6.19、图 6.20）。可能的原因有：①坡体上部距库区水位面的水平高达 1100 m，使得库水位波动对其影响甚微；②坡体后部滑体厚度小（三级滑体厚度仅为 26.8 m）且碎裂砂岩渗透系数大（3.35×10^{-3} cm/s）；③坡体上的裂缝（Site4，见图 6.6）以及后缘出露的软弱夹层 IL3（Site6，见图 6.6）更是为雨水渗入坡体提供了极为便利的条件。雨水的大量入渗一方面会使得坡体重度增大，同时还会提高地下水位（P3，见图 6.9）。前者（坡体重度增大）会导致坡体下滑力增大，后者（地下水位上升）会增加坡体内部孔隙水压力进而降低有效应力。因此监测数据发现雨季的时候，坡体上部变形非常明显（见图 6.12）。此外，皮尔逊系数同样证明降雨也会促进滑坡变形，显著性水平进一步表明坡体中后部变形主要受降雨控制（见表 6.3）。但值得注意的是，显著性水平显示坡体前部变形与降雨的关系不明显，但是如果坡体变形得不到有效控制，库水作用下坡体前部的局部崩塌现象（Site1，见图 6.6）将会愈加严重，就会导致坡体结构松散、裂缝增加，进而有利于雨水的渗入。此外，一些库岸边坡失稳案例同样暗示我们降雨也有可能是深层滑坡变形破坏的主要诱发因素[130，278，279]。

　　总体而言，通过分析库水和降雨耦合作用下滑坡的变形场和渗流场特点，对降雨、库水滑坡的变形机理有了更进一步的认识。在耦合初期，库水下降最先引发滑坡变形，滑坡前部变形较明显；雨季期间雨水入渗对滑坡变形产生影响，使得坡体变形具有向坡体上部延伸的特点，变形机理主要为坡体吸水膨胀；随着雨水的不断入渗，降雨对滑坡的影响慢慢转变为顺坡向下的渗流力。雨季过后滑坡位移随库水位上升以及孔隙水压力的消散而逐渐减小。随着耦合的发展，坡体内部材料损伤不断积累，受此影响滑坡中部的变形逐渐向后部发展且在后缘达到最大；与此同时，坡脚处滑坡体在库水周期升降作用下材料强度和坡体稳定性被削弱，变形日趋明显，当库水下降时坡脚产生快速变形。滑坡在周期性升降的库水和季节性降雨的共同影响下，坡脚逐渐失稳，而滑坡后部拉裂缝亦逐渐贯通，整个滑坡具有前缘牵引（库水引起）-后部推移（降雨引起）的复合运动的特点。

6.5.3.2 藕塘滑坡失稳演化

图 6.24～图 6.26 表示藕塘滑坡变形失稳过程和破坏模式。地表 GPS 和深部位移监测数据显示除一级滑体前部具有两个强变形区外，藕塘滑坡地表变形速率随海拔的上升而降低，因此可以认为藕塘滑坡不会产生整体失稳破坏。图 6.24 显示库水和降雨耦合作用下藕塘滑坡在 2016 年 7 月的变形和破坏特征，结果显示滑坡坡脚已出现显著变形，坡脚处裂隙较为发育且表层部分坡体出现滑落现象[见图 6.24(a)]。除此外，地表变形随海拔的上升而增大，最大累计变形量发生在三级滑体（约为 611 mm），该模拟结果（变形速率分布特点）与 GPS 监测结果完全吻合。该变形状态下滑坡边坡后缘拉裂隙进一步扩展，甚至出现明显"断裂"趋势[见图 6.24(b)]。

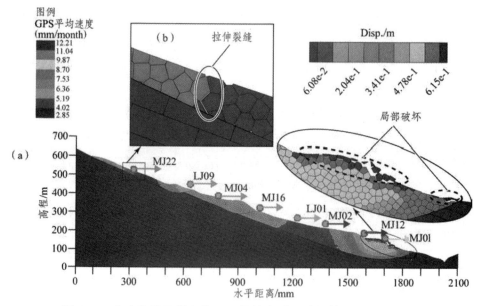

图 6.24　库水和降雨耦合作用下滑坡变形和破坏特征（2016.07）

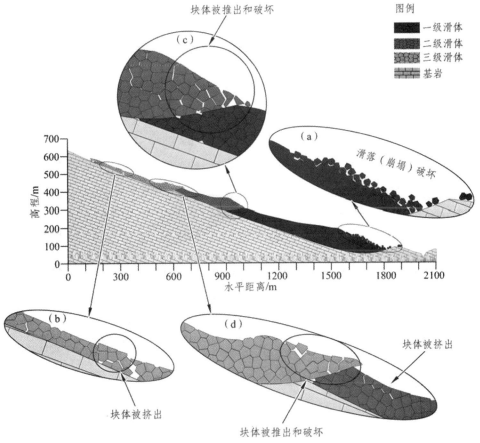

图 6.25　库水和降雨耦合作用下滑坡变形和破坏特征（2017）

　　随着耦合的不断进行，截至 2017 年，模拟显示坡体前部的变形破坏由最初的表层块体滑落过渡至变形破坏向坡体深部和上部延伸，导致滑坡前部越来越多的块体滑入江中[见图 6.25(a)]。同时坡体中部（二级滑体）和坡体后部（三级滑体）也出现了不同程度的破坏。现场勘察显示二级滑体和三级滑体均沿着软弱夹层滑动，此外，GPS监测数据以及模拟均显示坡体变形速度随海拔的升高而增加，模拟表面二级滑体和二级滑体上部块体会推动中部前部块体运动，一方面二级滑体和三级滑体中部部分块体在滑动过程中会被挤出[见图 6.25(b)和图 6.25(d)]，另一方面还会使得二级滑体和三级滑体前部块体被推出坠落[见图 6.25(c)和图 6.25(d)]。

　　通过现场调查及监测数据发现藕塘滑坡目前处于持续变形状态。通过数值模拟得出最终边坡变形破坏特征如图 6.26 所示。藕塘滑坡前部滑体破坏显示出后退式（牵引式）的特点，即最先在坡脚处产生破坏，随后在库水的长期冲刷侵蚀作用下，坡脚破坏不断向坡体上部发展。与此同时，降雨导致滑坡后部块体拉裂，为降雨入渗提供了有利条件，长期的降雨使得中上部越来越多滑坡体出现滑动并将推动各次级滑体中部及前部块体运动。总体而言，藕塘滑坡在降雨和库水耦合作用下的破坏模式具有前缘牵引（库水引起）-后部推移（降雨引起）的复合运动的特点。

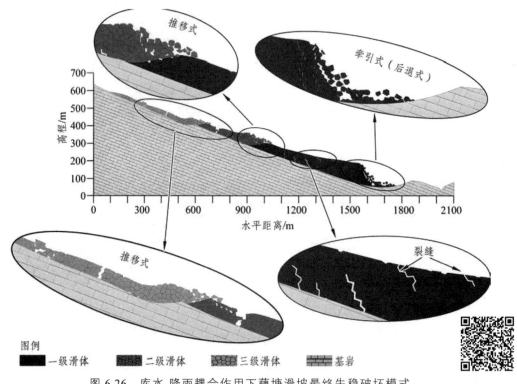

图 6.26　库水-降雨耦合作用下藕塘滑坡最终失稳破坏模式

　　虽然有较多文献涉及单因素影响下（降雨或者库水）库岸斜边坡变形特点，但目前很少有文献研究降雨-库水耦合作用下滑坡变形破坏机制[15, 20, 23]。但是本专著不仅利用相关性理论详细揭露了藕塘滑坡不同位置变形的主控因素，还采用离散元软件（UDEC）研究分析了不同主控因素对滑坡不同位移变形的影响机制和破坏演化特点。在数值模拟中，我们利用 domain 结构和 fish 语言分别实现了雨水入渗和库水波动。数值模拟显示藕塘滑坡的破坏模式极有可能是前缘牵引-后部推移的复合式破坏。数值模拟同样显示藕塘滑坡变形具有时效特点，即随着时间的推移，滑坡累计变形逐渐增大，该特点显示，及时的滑坡加固措施，如坡体前部锚索格构和抗滑桩（降低库水入渗并增大抗滑力），坡体中后部地表及地下排水系统以及削方减载（防止雨水入渗并降低下滑力），会比较有效地提高滑坡稳定性。但值得注意的是，本次数值模拟采用的是二维软件，且所建立的模型也是简化后的二维数值模型（如 Voronoi 划分后的各级滑体中的块体尺寸均较现实条件下大）。考虑到数值模拟结果会受模型参数、地质结构等因素影响，故有可能会导致模拟结果与现实有出入[153, 208, 280]。虽然本专著的二维分析可以提高对边坡变形演化的认识，但大多数岩土工程问题需要进行三维处理，到目前为止已经开展了许多研究[281-283]。因此，我们的下一步工作将集中在将三维地形地貌编入 3DEC 中[284]，研究三维条件下藕塘滑坡变形机理，以提供更多关于斜坡响应和更真实的滑坡演化过程的理解。

6.6　本章小结

滑坡前缘（一级滑体）地下水位主要受库水位波动影响，地下水位变化规律基本与库水位变化规律一致；滑坡中部（二级滑体）地下水位与降雨有关，降雨对其影响程度比较有限，因为只有强降雨的时候地下水位才有较小幅度变化；滑坡后部（三级滑体）地下水位变化规律与库水波动无关，主要受降雨因素影响，雨季地下水位明显抬升，旱季地下水位迅速回落并保持稳定。

累计深部位移随着时间推移逐渐增加。藕塘滑坡各次级滑体监测结果显示该滑坡正处于由上部滑体推着下部滑体缓慢蠕滑（推移式）。两侧强变形区的存在说明库水影响使得坡体前部具有牵引式特点。西侧强变形区的变形速度要高于东侧强变形区的变形速度，并且西侧强变形区有演化为深部滑移的趋势。测斜管监测数据进一步证明了一级滑体和二级滑体沿 IL1 滑动，三级滑体沿 IL3 滑动。

微地貌的影响使得各 GPS 监测点的运动方向与等高线垂直。一级滑体前缘两侧各存在一个局部强变形区，东侧强变形区靠近冲沟，库水的波动和冲沟水体的径流、冲刷可能是其剧烈变形的原因，另外冲沟提供良好的临空面，导致东侧强变形区 GPS 测点运动方向指向冲沟。西侧强变形区海拔位置低（更易受库水波动影响）且其变形有演化为深部滑移的趋势可能是导致其变形速度大于西侧强变形区的原因。一级滑体区域变形速度最小，随着海拔高度的增加，坡体变形速度逐渐增加，三级滑体最大月平均变形速度最高。

地表 GPS 监测数据显示随着时间的推移，滑坡累计水平位移和垂直位移呈现出阶梯式增长的特点，即较短时间内的快速变形和较长时间内的缓慢变形交替出现。在每一个水文年内，快速变形一般在 5 月底或者 6 月就开始启动，一直持续到 9 月，持续时长一般为 3 个月，该时段刚好对应于低水位和降雨时期；随后，滑坡变形速度迅速跌落至零附近，一直持续到次年 4 月，持续时长一般为 9 个月，该时段刚好对应于旱季。藕塘滑坡三级滑体区域变形速度最大，其次为二级滑体，一级滑体最慢，因此可以推断藕塘滑坡中上部具有推移式运动模式特点；一级滑体区域长期受库水侵蚀，东西两侧均发育强变形区且截至目前累计位移最大为西侧强变形区，因此，滑坡前部有牵引式运动模式特点。

基于长期监测数据的滑坡影响因素分析结果显示，库水下降和降雨被认为是藕塘滑坡复活区地表变形的重要影响因素。库水水位下降阶段中的 160 m 库水位被认为是地表快速变形启动的临界关键库水位，且库水位对滑坡变形影响主要集中在前部区域。地表加速变形现象出现在快速变形阶段以外，且该现象附近对应有强降雨，说明降雨会促进斜坡变形，且降雨对藕塘滑坡变形影响主要集中在后部区域。根据相关性理论，采用 Python 软件计算分析藕塘滑坡变形与降雨和库水的皮尔逊系数和显著性水平，结果显示库水和降雨均会促进坡体变形。显著性水平更是进一步说明了随着海拔的增加，影响藕塘滑坡地表变形的主控外部因素由库水波动过渡至降雨，即库水控制一级滑移变形，降雨控制二、三级滑体变形。

数值模拟揭露了藕塘滑坡在降雨-库水耦合作用下的变形机制和失稳演化。结果显示，在耦合初期，库水下降最先引发滑坡变形，滑坡前部变形较明显；雨季期间雨水入渗对滑坡变形产生影响，使得坡体变形具有向坡体上部延伸的特点，变形机理主要为坡体吸水膨胀；随着雨水的不断入渗，降雨对滑坡的影响慢慢转变为顺坡向下的渗流力。雨季过后滑坡位移随库水位上升以及孔隙水压力的消散而逐渐减小。随着耦合的发展，坡体内部材料损伤不断积累，受此影响滑坡中部的变形逐渐向后部发展且在后缘达到最大；与此同时，坡脚处滑坡体在库水周期升降作用下材料强度和坡体稳定性被削弱，变形日趋明显，当库水下降时坡脚产生快速变形。滑坡在周期性升降的库水和季节性降雨的共同影响下，坡脚逐渐失稳，同时，滑坡后部拉裂缝亦逐渐贯通，藕塘滑坡失稳。

藕塘滑坡前部滑体破坏显示出后退式（牵引式）的特点，即最先在坡脚处产生破坏，随后在库水的长期冲刷侵蚀作用下，坡脚破坏不断向坡体上部发展。同时，降雨导致滑坡后部块体拉裂，为降雨入渗提供了有利条件，长期的降雨使得中上部越来越多滑坡体出现滑动并将推动各次级滑体中部及前部块体运动（推移式）。因此，藕塘滑坡在降雨和库水耦合作用下的破坏模式具有前缘牵引-后部推移的复合运动的特点。

第 7 章

滑坡治理措施对各类基覆面形态的适用性讨论

治理已发生的滑坡或防治潜在滑坡的发生,关键在于减少滑坡推力和增大抗滑力,从而达到提高滑坡稳定性的目的[234]。国内外应用于滑坡防治的工程措施主要为削方减载、排水、护坡、支挡工程以及岩土体性质改良 5 大类[235]。虽然滑坡治理防治措施多种多样,但由于有些工程措施在使用效果上不理想,因此在工程实践中很少采用。此外,由于在施工中可能采用其他工程措施也可以取得类似的效果且施工或养护相对方便、工程造价也相对较低等原因,也会导致某些滑坡治理的措施在工程实践中很少采用[236]。如滑坡排水工程中的虹吸排水,滑带改良工程中的滑带爆破以及基覆面(带)焙烧等,目前在工程实践中采用得就较少了。

在我国,针对库岸堆积体滑坡的整治,有 3 类主要工程措施被广泛应用[15, 42, 82, 234, 236, 237]:①移载,也称减荷反压或者削方减重及压脚,即通过后缘减负,前缘压填的方法减少滑体的下滑力而增大滑体的抗滑力;②支挡阻滑工程,主要是指用抗滑桩、抗滑挡墙、锚杆(索)提高滑坡抗滑力,同时在坡脚附近用浆砌石、格构等进行护坡以防止水流对滑体的冲刷、侵蚀以及坡面的风化;③排水工程,包括地表排水和地下排水,常用的排水措施有截水沟、盲沟、水平钻孔、盲洞以及集水井等。各种工程措施都有其适用条件,其中基覆面是重要因素,位于不同基覆面形态和不同基覆面位置,工程效果和施工难度均不相同。

7.1　减荷反压

如图 7.1 所示减荷反压是指将坡顶或者坡体上部的部分滑体材料移除或者移至坡脚位置，前者有利于降低滑坡下滑力，后者有利于增加抗滑力；此外，减荷反压还会改变坡体外形，降低坡体重心，从而使得滑坡的稳定性得到根本性的改善。这类方法在技术上简单易行，在工程上获得了广泛的应用并积累了丰富的经验，是一种经济有效的滑坡防治措施。然而，众多工程实践也说明减荷反压工程并不是对所有滑坡治理都适用，它不仅受环保、排水等因素影响，更重要的是基覆面形态对其具有直接控制作用。一般而言，当滑坡基覆面形态是上陡下缓且前缘具有较长的缓倾角基覆面段时，采用减荷反压方法比较适用，同时分析认为削方量占滑体 20%以下，是经济合理的，也就是说减荷反压工程适用于 DRM 滑坡且缓倾角基覆面段较长的情况。当缓倾角基覆面段较短时，削方量将急剧增加，再加上排水、弃方搬运处理以及其他辅助支护工程，就会成为耗资较多的不利方案，如减荷反压就不适用于 FRM 滑坡，因此所有施工方案都要根据具体的情况而定。

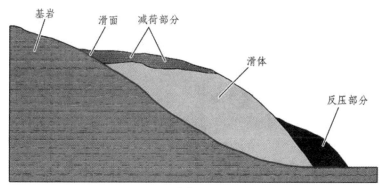

图 7.1　减荷反压概要图

根据表 4.1 可知：当作用位置位于上陡-下缓形基覆面堆积层滑坡中的抗滑段（缓倾角基覆面段）且 $\Delta w > 0$（坡脚堆载），滑坡稳定性增加；当作用位置处于上陡-下缓形基覆面堆积层滑坡中的下滑段（陡倾角基覆面段）且 $\Delta w < 0$（坡上减载），滑坡稳定性也会增加。因此可以看出减荷反压工程可以从增大缓倾角基覆面段抗滑力和降低陡倾角基覆面段下滑力两个方面来提高滑坡的稳定性。一般而言，为进一步加强坡脚堆载的反压作用，坡脚的堆土一般需要分层夯实并做好防渗处理，即外露坡面采用浆砌石、

格构等进行护坡。

树坪滑坡是三峡库区中采用减荷反压措施进行治理的典型上陡-下缓形基覆面堆积层滑坡[196]。树坪滑坡位于湖北省秭归县境内长江干流右岸，下距三峡大坝 47 km，地理坐标精度 110°37′0″，纬度 30°59′37″。自三峡库区蓄水至 135 m 后滑坡就出现了明显变形，包括房屋及路面开裂，路基下沉以及坡体上明显的拉伸裂缝甚至局部陡坎等变形特征。考虑到一旦滑坡发生失稳破坏，不仅直接威胁坡体上的住户生命财产安全还会对长江航道过往船只造成严重影响。基于对树坪滑坡的地勘资料和监测数据分析，认为滑坡性质容许进行减载反压工程的实施，故在 2014 年 8 月开始应急治理，具体设计为[见图 7.2（a）]：

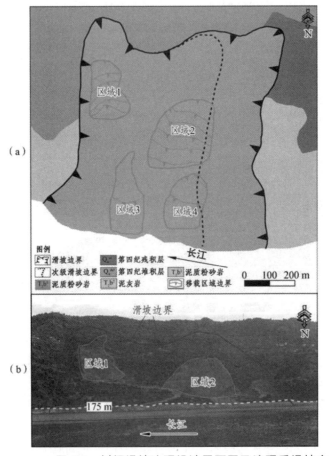

图 7.2　树坪滑坡治理设计平面图及治理后滑坡全貌

（1）减荷工程设计：将位于滑坡靠近西侧边界凸起的部分（区域 2）及滑坡后缘靠近东侧边界凸起部分（区域 1）进行削方，其中区域 2 削坡坡降低 1:2，区域 1 削坡坡降低 1:1.5 且每个削坡区域均每隔 20 m 高差设置一级马道，削方工程土石方总量为 57 5774 m³，约占滑体总量的 2.1%（<20%）。

（2）压脚工程设计：削方工程挖除的土石方就近堆放于 175 m 库水位以下稳定性相对较差、地形坡度较缓的滑坡前缘（区域 3 和 4）进行压脚，对局部未填充到的压脚区进行补充，压脚工程土石方回填 37 3962 m³。

2015 年 3 月主体工程完工，同年 6 月全面竣工完成[见图 7.2(b)]。应急治理后的监测数据分析显示该滑坡的变形速率降至未治理前的 1/3，且库区水位下降后所产生的位移陡增现象消失，滑坡由不稳定状态提升至基本稳定状态[238，239]。

7.2　支挡阻滑工程

在滑坡防治中，对滑坡进行工程支挡是常见的滑坡治理方法。它通过对滑坡施加与下滑力作用相反的人为抗滑力来平衡滑坡推力，从而使得滑坡的稳定状态得以提高[236]。它的优点是可从根本上解决滑坡的稳定性问题，达到根治的目的[234]。主要包括有抗滑挡墙、格构锚索（杆）以及抗滑桩等。

7.2.1　抗滑挡墙

抗滑挡墙作为应用最早的滑坡防治工程，早在 20 世纪 70 年代以前就已经是主要的抗滑工程措施。在滑坡防治中，挡墙的主要作用是抗滑，应用最多最常见的挡墙的主要形态有仰斜式与衡重式两种重力式挡墙。滑坡治理中是利用挡墙的自身重量在一定的安全系数下去平衡滑坡的下滑力。如图 7.3 所示，抗滑挡墙一般多设置于滑坡前缘且墙基必须埋入基覆面以下 1~2 m。由于前缘挖基施工有可能加剧滑坡恶化，因此该方法一般只适用于浅、小滑坡。此外，在采用该方法进行滑坡治理时一般需在滑坡前缘的缓倾角基覆面段上配合其他措施共同使用（如挡墙背后设置顺墙的盲沟以排除墙后的地下水，同时墙上设置泄水孔，防止墙后积水泡软基础）。该方法不适治理滑床比较松软、基覆面容易向上或向下发展的滑坡，因此在采用该方法进行滑坡治理时需要对基覆面分布、基覆面以下岩土性质及地下水分布状况等严格查清，防止因误判导致采用错误的工程措施。故可以认为抗滑挡墙技术一般适用于 DRM 滑坡。

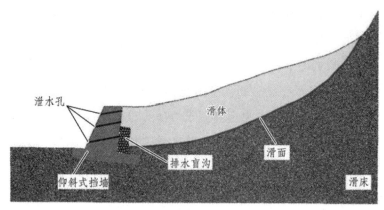

图 7.3　挡墙加固滑坡概要图

7.2.2　格构锚杆（索）

如图 7.4 所示，格构锚索（杆）支护技术是利用浆砌石、现浇钢筋混凝土、预制预应力混凝土进行滑坡坡面护理和治理，并利用锚杆或锚索加以固定的一种滑坡防治技术。格构的主要作用是将滑坡坡体的剩余下滑力或土压力、岩石压力分配给格构节点处的锚杆（索）。锚杆（索）是在已成孔中将高强度钢绞线（杆）锚固在稳定地层内，并施加预应力，从而使得滑坡体在由锚杆（索）提供的锚固力作用下处于稳定状态。格构本身仅仅是一种传力结构，而加固的抗滑力主要由格构节点处的锚杆（索）提供。格构锚索（杆）支护技术具有施工灵活性强、对滑坡体扰动较小、对地下水径流影响小以及施工弃方小等优点，适用于各种类型的基覆面，在陡基覆面和陡的直线形基覆面的滑坡中使用更显示其在技术经济上的先进和合理性[82]。因此可以认为格构锚索（杆）支护技术在 FRM 和 DRM 滑坡均适用，且在基覆面倾角较陡的 FRM 滑坡中的经济性更突出。

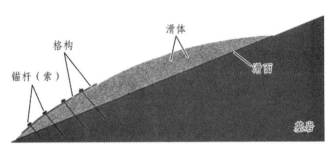

图 7.4　锚杆（索）格构支护概要图

金乐滑坡是三峡库区中采用格构锚索(杆)技术进行治理的典型 DRM 滑坡[197-201, 240]。金乐滑坡位于三峡库区湖北省兴山县高阳镇南面约 5 km。如图 7.5(a)所示，金乐滑坡是由两个次级滑坡组成的总体积为 1.41×10^7 m³ 的堆积体滑坡，其中 1#滑坡的平面面积 3.58×10^5 m²，体积 1.274×10^7 m³，2#滑坡的平面面积 8.162×10^4 m²，体积 1.32×10^6 m³。2003 年 6—9 月，金乐滑坡先后发生过两次滑动变形，致使数座农宅倒塌、金乐小学被迫停课，对区内 525 名常住居民的生产、生活，均造成严重威胁。2006 年 6 月 9 日，正在施工的金乐滑坡 2#滑体前缘护坡工程坡面整形区发生变形险情。变形体位于 2#滑体前缘南侧，分布高程 140～156 m，后缘拉裂缝位于设计 156 m 高程马道处，长 30 m，缝宽 1～5 cm，下座 80 cm；前缘宽约 60 m，明显可见蠕滑剪出面，擦痕清晰，剪出约 10 cm。南侧缘产生雁列状拉裂缝，沿拉裂缝有多处地下水出露。变形体平面形态呈圈椅状，坡面坡度 35°，面积约 1200 m²，厚度 5～10 m，体积约 10 000 m³。经分析讨论，最终确定采用钢筋混凝土格构锚索方法进行滑坡治理[见图 7.5(b)]，后期监测数据认为该方案能很好地抑制滑坡的变形[200, 201]。

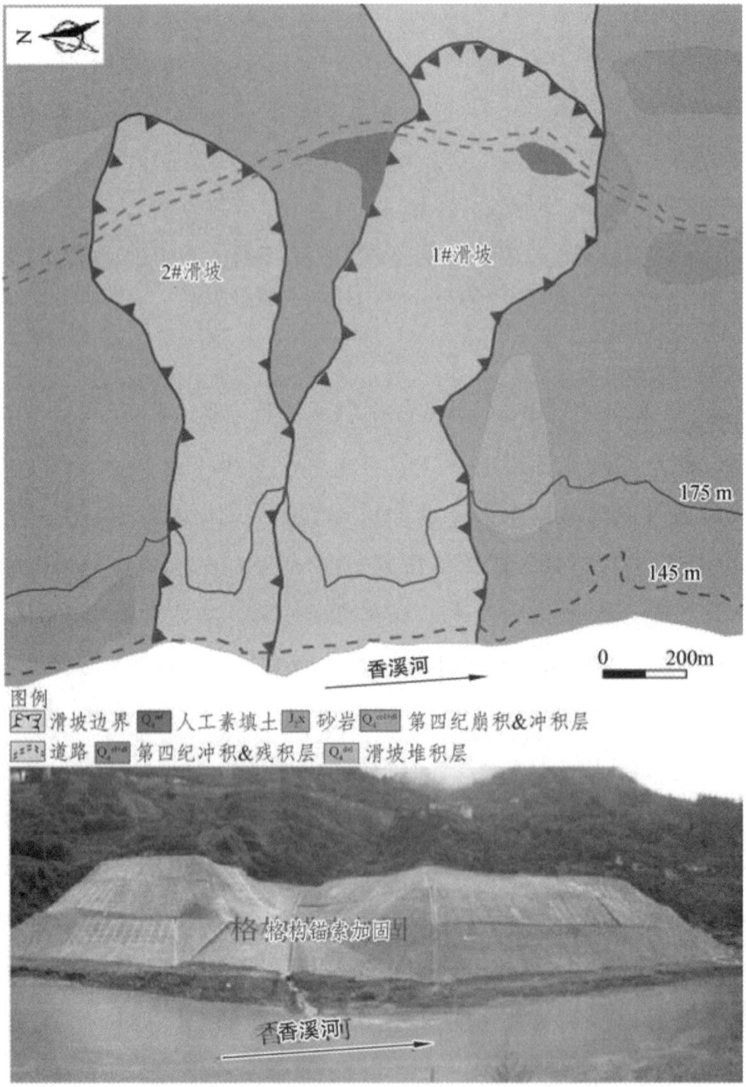

（a）

（b）

图例
滑坡边界　Q_4^{ml} 人工素填土　J_1x 砂岩　Q_4^{col+al} 第四纪崩积&冲积层
道路　Q_4^{al+el} 第四纪冲积&残积层　Q_4^{del} 滑坡堆积层

图 7.5　金乐滑坡平面图及治理后滑坡全貌

7.2.3　抗滑桩

自 1967 年我国首次将抗滑桩技术应用到成昆线沙北滑坡治理工程上以来，抗滑桩就成为了防治滑坡的主力军，是支挡措施中应用最为广泛的工程措施[237]。抗滑桩是一种特殊的侧向受荷桩，依靠桩与周围岩土体的共同作用，将滑坡推力传到稳定的地层，利用稳定地层的锚固作用和被动抗力来平衡滑坡的推力。具有抗滑能力强，开挖量小，在施工中部不易造成滑坡体稳定条件恶化等优点。该方法对类直线形基覆面和上陡-下缓形基覆面堆积层滑坡均适用，若应用在上陡-下缓形基覆面堆积层滑坡，当前缘缓倾角抗滑段较长时，工程效果最佳。

在工程实践中，开始多采用悬臂抗滑桩来进行滑坡治理。如图 7.6 所示，悬臂式抗滑桩是将桩埋入稳定地层中，利用桩与桩周岩土体的相互钳制作用把滑坡推力传递到稳定地层,利用稳定地层的锚固作用和被动抗力使滑坡达到稳定。与抗滑挡墙相比，悬臂式抗滑桩具有以下优点：①抗滑力大，圬工量小；②桩位灵活；③挖孔抗滑桩可以根据弯矩沿桩长变化合理布置钢筋，故其较打入管桩要经济；④施工方便、设备简单、具有工程进度快、施工质量好以及比较安全等优点，可以间隔施工从而避免引起滑坡条件的恶化，同时施工过程中发现问题易于及时补救。

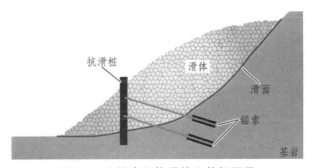

图 7.6　（锚索）抗滑桩支护概要图

后期，当滑坡下滑力很大时,悬臂式抗滑桩往往截面和埋深都很大,工程造价高。因此，在大量实践经验的基础上，我国推出了锚索抗滑桩（锚拉桩）。锚索抗滑桩的基本思路是：在原有悬臂式抗滑桩的顶部或者桩身一定位置设置一排或多排锚索，借助锚索所提供的锚固力和抗滑桩所提供的阻滑力并由二者组成的桩-锚支挡体系共同阻挡滑坡的下滑。一方面，锚索改变了普通抗滑桩的悬臂受力结构形式，其受力更为合理，可以减少抗滑桩的截面尺寸，节约圬工量，降低抗滑桩的锚固深度，降低了施工难度。另一方面，由于施加了预应力荷载，因而改变了普通抗滑桩的抗滑作用机制，由被动受力桩变为主动加固，能迅速稳定滑坡，防止滑坡的进一步变形和发展，对于一些抢险工程或坡顶、坡脚有重要构筑物的滑坡处治更具优越性。同时，预应力锚索抗滑桩与普通抗滑桩相比，能降低工程造价，一般可节省约 30%的费用[241，242]。

马家沟滑坡是三峡库区中采用抗滑桩技术进行治理的典型 FRM 滑坡[157,202,204,205,233]。马家沟滑坡地属湖北省秭归县归州镇彭家坡村，位于吒溪河左岸（长江支流）。自三峡水库蓄水至 135 m 后的 3 个月时间内马家沟滑坡就出现了明显变形。随后在 2005 年开展了滑坡现场勘察，当时勘察深度为 25 m，在 25 m 范围内的基岩内部并未发现深层基覆面，遂将马家沟滑坡确定为覆盖层滑坡，滑带主要分布在基覆面处。滑坡一旦失稳破坏，将直接威胁滑坡体上或滑坡体附近居民的生命财产安全。故于 2006—007 年间开展了采用抗滑桩技术进行滑坡治理设计和施工工作（见图 7.7）。抗滑桩布置在归水公路下侧高程 200 m 的平台上，抗滑桩桩截面为 2 m×3 m，桩间距 7 m，共 17 根，桩长 18 m 和 22 m，采用 C30 混凝土浇筑。受荷段为碎块石夹粉质黏土，抗滑桩嵌岩段 8 m 破碎的砂岩夹软弱的泥岩。然而，2007.02—2009.11 的 GPS 观测数据显示马家沟滑坡位移依旧逐年增加，特别是在每年的库水下降阶段（雨季），滑坡位移出现陡增的现象，并且在抗滑桩的桩后出现了大规模的裂缝，此类迹象表明马家沟滑坡并未得到有效防治。后期研究认为导致此次滑坡治理失误的主要原因是存在更深层次的基覆面且抗滑桩深度不够，通过再次设置测试抗滑桩且结合现场勘察资料证实了该推测[202, 203]。

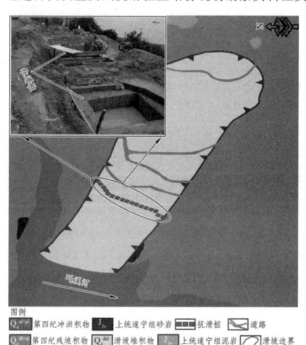

图例
Q₄ᵃˡ⁺ᵖˡ 第四纪冲洪积物　　J₃ₛₙ 上统遂宁组砂岩　　▩▩▩ 抗滑桩　　◧ 道路
Q₄ᵉˡ⁺ᵈˡ 第四纪残坡积物　　Q₄ᵈᵉˡ 滑坡堆积物　　J₃ₛₙ 上统遂宁组泥岩　　◿ 滑坡边界

图 7.7　马家沟滑坡抗滑桩治理平面图

7.3　截排水

水是诱发各类地质灾害的根本原因之一，同时也是库岸滑坡产生和发育的重要外部因素，所以恰当的排水措施尤为重要。滑坡中的截排水工程主要分为地表水截排和地下水疏排。地表水截排又分为滑坡外围的地表水截排和滑坡周界内的地表排水。前者（滑坡外围的地表水截排）主要通过设置环形截水明沟，以截排坡后来水，如有必要，环形明沟可设置多道；后者（滑坡周界内的地表排水）是充分利用滑坡区域内的自然沟槽，设置排水明沟、槽沟，从而使地表水迅速顺利地排出滑坡区，防止渗入滑体而影响滑坡的稳定性。坡体内部的水会提升坡体下滑力，特别是基覆面（带）附近的水会增大滑带土的孔隙水压力，降低强度参数，减小滑阻力。因此地下水疏排也是相当重要的。滑体地下水的疏排措施较多，根据地下水的成因、水量、流向、埋深及与滑坡体的相互关系等因素，分别可采用截水盲沟（渗沟）、排水盲洞（隧道）、仰斜排水孔、垂直排水孔、集水井、支撑渗沟、边坡渗沟等形式的工程措施疏排，从而达到降低滑体中的水压力、改善基覆面力学性能、提高滑体的自身稳定性的效果。

目前，地表截排水和地下水疏排相结合的排水系统得到了较为广泛的应用。地表排水以其技术简单易行且加固效果好，工程造价低而应用极广，几乎所有滑坡整治工程都包括地表排水工程。只要运用得当，仅用地表排水即可整治滑坡。地下排水工程能大大降低孔隙水压力，增加有效正应力从而提高抗滑力，因此加固效果极佳，工程造价也较低，应用也很广泛。尤其是大型滑坡的整治，深部大规模的排水往往是首选的整治措施。该方法对类直线形基覆面和上陡-下缓形基覆面堆积层滑坡均适用。值得注意的是，该方法主要是与其他工程措施配套进行综合整治。工程实践说明，对于类直线形基覆面堆积层滑坡，用单一排水工程措施是难以奏效的。但对于上陡-下缓形基覆面堆积层滑坡，如果该滑坡未发生失稳和具有前缘缓坡基覆面段且已稳定的滑坡可以尝试单独使用。

黄蜡石滑坡是三峡库区中采用地表截排水和地下水疏排相结合技术进行滑坡治理的典型上陡-下缓形基覆面堆积层滑坡[15, 243, 244]。黄蜡石滑坡位于巴东县城东 1.5 km 的长江北岸，滑坡总体积为 $1.8×10^7 \, m^3$。黄蜡石滑坡是一个多类型、多层次、多期活动的大型滑坡群体。自 1993 年复活变形以来，经过多次勘察论证和防治工程可行性研究，于 1993 年进入滑坡治理实施阶段。黄蜡石滑坡采用地表截排水和地下水疏排相结合技术进行滑坡治理。图 7.8 表示黄蜡石滑坡截排水系统平面布置图。如图所示，治理方案为：首先实施的地表排水工程于 1994 年 6 月完成；然后，1995 年第一期地下排水工程开始实施，至 1996 年 7 月底彻底完成。地下排水工程包括在黄蜡石滑坡中部建立了一排线性分布的 33 口集水井，井与井之间的距离 5～10 m 不等，同时，一个用来收集滑带附近水的平硐也相应施工完毕。主要排水方式是：水通过集水井流入平硐，进而通过平硐汇集至地面排水系统，从而达到地下水疏排的效果。此外，地表排水系统还能将坡表水汇集、排出到坡外。后期监测数据表明治理后的黄蜡石滑坡稳定性得到了提高[245]。

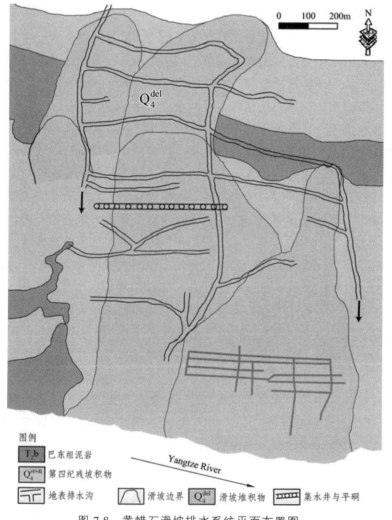

图 7.8　黄蜡石滑坡排水系统平面布置图

7.4　本章小结

减荷反压、支挡阻滑以及截排水工程是三峡库区滑坡防治最为常用的治理措施。减荷反压工程适用于具有较长缓倾角段的上陡-下缓形基覆面滑坡，不适用于类直线形基覆面滑坡。抗滑挡墙技术一般适用于上陡-下缓形基覆面滑坡；格构锚索（杆）支护技术在以上两类不同基覆面形态滑坡中均适用，且在基覆面倾角较陡的类直线形基覆面滑坡中更具经济性；抗滑桩技术在以上两类不同基覆面形态滑坡中均适用，若应用在上陡-下缓形基覆面滑坡，当前缘缓倾角段较长时，工程效果最佳；截排水措施在以上两类不同基覆面形态滑坡中均适用。值得注意的是，截排水方法主要是与其他工程措施配套进行综合整治。实践说明，对于类直线形基覆面滑坡，用单一排水工程措施是难以奏效的。但对于上陡-下缓形基覆面滑坡，如果该滑坡未发生失稳和具有前缘缓倾角段且已稳定的滑坡可以尝试单独使用。

第 8 章
研究主要工作结论

（1）基于统计的 790 个滑坡数据库，定性分析了三峡库区库岸堆积体滑坡的时-空分布规律，阐明了地形地貌、地质条件和水文因素对其分布规律的影响。

① 库区滑坡中厚层及厚层滑坡约占整个滑坡数量的 81.1%，且绝大部分属于中型或者大型滑坡。堆积体滑坡的空间分布特征呈现出明显的区域特征，即大部分滑坡分布在 I 区，II 区次之，III 区数量最少。此外，滑坡发育与初始蓄水及后续水库运行密切相关。滑坡大多发生在库区蓄水及其蓄水后的两年内。但是，当库区全库容运行时，超过 80% 的滑坡是由库水下降而引发，其中大部分是在雨季且水库水位快速下降时观测到。而在水库水位上升期间，恰逢旱季，滑坡数量较少。

② 从地形地貌、地质条件和水文因素 3 个方面对滑坡分析规律进行了统计分析。在高程方面，约 97% 的滑坡发生在海拔 600 m 以下的地区，其中大部分发生在 200～400 m 的范围内（75%）；在坡角方面，约 99% 的滑坡位于坡角<36°区域，其中大部分滑坡发生在 8～20°，当坡角>36°，滑坡数量陡然降低，当坡角<8°时，滑坡数量亦相对较小；在岩组方面：SMSC 岩组下的滑坡数量占滑坡总数的 62%，SMSC 和 MSM 可视为易滑地层；在坡体结构方面，顺向边坡的滑坡个数约占总滑坡的 58%，其次是顺向边坡（约 23%），最后是斜向边坡（约 19%）；在基覆面形态方面，孕育滑坡最多的是椅形基覆面，弧形和阶梯形基覆面数量几乎一致，直线形基覆面最少；从影响滑坡分布的水文因子来看：库水和降雨均被认为是诱发三峡库区堆积体滑坡变形或是失稳的外部诱发因素，库岸滑坡的数量会随着降雨量的增加而增加。库水上升和下降是导致滑坡产生的极为不利情况。虽然 175 m 蓄水后滑坡年均数量降低，随着时间的推移，

滑坡的累积数量依然逐渐增加，因此，需要更加关注降雨和库水影响下岸坡堆积体的长期变形演化。

（2）定量分析了三峡库区库岸堆积体滑坡尺寸发育特征，探讨了地形地貌、地质条件和水文因素对滑坡尺寸发育的影响规律，论证了三参数反伽马函数（TPIG）在描述滑坡尺寸特征函数上的优势。

① 滑坡累计频率-滑坡面积/滑坡体积散点图均展现出自组织临界性（SOC）的特点，即由较陡部分和平坦部分组成。前者（较陡部分）所具有的特征是：滑坡的数量随着其滑坡面积或体积的增加而急剧减少，该特征可以用幂函数较好地拟合；后者则表示较小尺寸的滑坡数据位于幂函数曲线以下，这一特征被称为指数翻转（rollover）。滑坡面积与体积呈现出幂函数关系。

② 不同影响因素下滑坡概率密度-滑坡面积散点图均由幂函数部分和指数翻转部分组成，当滑坡资料充足的情况下，DP 函数和 TPIG 函数均能反映滑坡的频度特征。但当滑坡资料受限的条件下，TPIG 比 DP 函数更具有表征滑坡尺寸特征的优势。

（3）定性分析坡体结构与基覆面形态的关系，根据不同基覆面形态中的倾角变化规律凝练出两类地质力学模型并采用理论计算和数值模拟的方法研究渗透系数与库水波动速率的相对大小对每一类地质力学模型的稳定性影响。

① 统计结果显示椅形基覆面占滑坡总数的 32.2%，弧形基覆面占 29.1%，阶梯形基覆面和直线形基覆面滑坡分别是 23.9% 和 14.7%。椅形基覆面和阶梯形基覆面主要发育于顺向陡倾坡中，弧形基覆面主要发育于反倾坡中，直线形基覆面主要发育于顺向缓倾斜坡中。

② 根据基覆面倾角变化特点凝练出两种地质力学模型：下滑-抗滑模型（DRM）和全长抗滑模型（FRM）。理论分析和数值计算结果显示：a.库水位的波动范围对应于 DRM 的抗滑段时的滑坡稳定性变化情况与 FRM 地质力学模型的计算结果一致：即当滑体渗透系数较小时，滑坡安全系数与库水位升降呈正相关，反之，呈负相关。b.当库水位的波动范围对应于 DRM 的下滑段，滑坡安全系数与库水位升降呈正相关，特别地，当渗透系数足够小时，安全系数曲线形状几乎与库水位波动情况保持一致.

（4）以塔坪滑坡为例，基于地质资料和监测资料，采用现场勘察、理论分析以及室内试验等方法研究分析库水-降雨耦合作用下牵引式滑坡动力响应特征及变形失稳演化过程。

① 塔坪滑坡前部地下水由库水控制，降雨控制滑坡中部，而滑坡后部的地下水几乎与两者没有任何关系，塔坪滑坡复活区变形属牵引式变形，复活区中部及前部滑体表层（粉黏土与碎石）正缓慢蠕滑，而复活区上部区域处于准稳定状态，滑体表层材料与其下方的碎裂石英砂岩层的接触面很有可能形成浅层基覆面，碎石土层与其下方的碎裂石英砂岩层接触面极有可能是深层基覆面。

② 滑坡复活区所有 GPS 的运动方向均与地表等高线垂直。复活区上部地表变形较小，可视为准稳定状态，复活区中部和下部变形较大，特别地，复活区的东南区域被认为是强变形区。复活区中各 GPS 水平方向变形速度均比垂直方向变形速度大，同时复活区中部垂直方向变形速度比前部垂直方向变形速度大，地表累计垂直方向和水平方向的滑坡累计变形曲线均随时间递增呈阶梯状上升，也就是快速变形和缓慢变形交替出现。在每个水文年内，快速变形持续的时间是 3 个月（6—9 月），慢速变形持续时间为 9 个月（10 月至次年的 5 月）。快速变形阶段一般对应雨季和低水位阶段，而缓慢变形阶段则对应旱季和高水位阶段。监测数据显示若滑坡复活区变形无法得到缓解，则滑坡复活区很有可能出现后退式破坏。

③ 库水下降和降雨被认为是塔坪滑坡复活区地表变形的重要影响因素。库水水位下降阶段中的 160 m 库水位被认为是地表快速变形启动的临界关键库水位。当库水位在低于 160 m 的情况下以 0.3 m/d 的速率下降对滑坡的稳定性是非常不利的，并且库水下降速率越快，坡体地表变形越剧烈。监测数据表明滑坡中部地下水位主要由降雨控制。在低水位阶段，由于大量雨水渗入坡体，导致地下水位升高，使得坡体内部孔隙水压力或者渗透力增大，进而加速斜坡变形。因此，降雨也会在低水位阶段促使滑坡变形。

④ 室内试验表明碎石土的强度参数与含水率呈负相关，且对含水率的变化非常敏感。低水位期间库水下降产生的不利因素（指向坡外的渗透力、扶壁效应丧失等）以及降雨导致的坡体下滑力增大和中部地下水上升等是造成塔坪滑坡复活区复活变形的重要机理。结合复活区地表变形特点及其影响因素，认为整个塔坪滑坡复活区的失稳破坏会率先从坡体前部出现，然后向坡体上部逐级发展，具有多级牵引式破坏的特点。

（5）以藕塘滑坡为例，基于勘察资料和多类型监测资料，分析藕塘滑坡在库水和降雨作用下的宏观变形特点及动力响应，利用 Python 软件分析计算藕塘滑坡变形与库水和降雨之间的皮尔逊相关系数和显著性水平，寻找隐含在监测数据中的变形响应与库水位和降雨的关系；采用离散元数值模拟软件（UDEC），基于实时监测数据，模拟研究库水及降雨耦合作用下藕塘滑坡变形机理及破坏全过程。

① 藕塘滑坡是由 3 个次级滑体组成，监测数据显示一级滑体（滑坡前部）地下水位主要受库水位波动影响，滑坡中部（二级滑体）地下水位与降雨有关，降雨对其影响程度比较有限，滑坡后部（三级滑体）地下水位变化规律与库水波动无关，主要受降雨因素影响。深部位移随着时间推移逐渐增加，藕塘滑坡变形正处于由上部滑体推着下部滑体缓慢蠕滑（推移式）。两侧强变形区的存在说明库水影响使得坡体前部具有牵引式特点。西侧强变形区的变形速度要高于东侧强变形区的变形速度，并且西侧强变形区有演化为深部滑移的趋势。此外，监测数据以及现场勘察显示一级和二级滑体沿 IL1 滑动，二级滑体沿 IL3 滑动。

② 微地貌的影响使得各 GPS 监测点的运动方向与等高线垂直。一级滑体前缘两侧各存在一个局部强变形区，随着海拔高度的增加，坡体变形速度逐渐增加。地表 GPS 监测数据显示随着时间的推移，滑坡累计水平位移和垂直位移呈现出阶梯式增长的特点，即较短时间内的快速变形和较长时间内的缓慢变形交替出现。在每一个水文年内，快速变形持续时长一般为 3 个月，该时段刚好对应于低水位和降雨时期；随后，滑坡变形速度迅速跌落至零附近（慢速变形），持续时长一般为 9 个月，该时段刚好对应于旱季。藕塘滑坡三级滑体区域变形速度最大，其次为二级滑体，一级滑体最慢，因此可以推断藕塘滑坡中上部具有推移式运动模式特点；一级滑体区域长期受库水侵蚀，东西两侧均发育强变形区且截至目前累计位移最大为西侧强变形区，因此，滑坡前部有牵引式运动模式特点。

③ 库水下降和降雨被认为是藕塘滑坡复活区地表变形的重要影响因素。库水水位下降阶段中的 160 m 库水位被认为是地表快速变形启动的临界关键库水位。库水位对滑坡变形影响主要集中在前部区域，降雨对藕塘滑坡变形影响主要集中在后部区域。根据相关性理论，采用 Python 软件计算分析藕塘滑坡变形与降雨和库水的皮尔逊系数和显著性水平，结果显示库水和降雨均会促进坡体变形。显著性水平更是进一步说明了随着海拔的增加，影响藕塘滑坡地表变形的主控外部因素由库水波动过渡至降雨，即库水控制一级滑移变形，降雨控制二、三级滑体变形。

④ 数值模拟结果显示，在耦合初期，库水下降最先引发滑坡变形，滑坡前部变形较明显；雨季期间雨水入渗对滑坡变形产生影响，使得坡体变形具有向坡体上部延伸的特点，变形机理主要为坡体吸水膨胀；随着雨水的不断入渗，降雨对滑坡的影响慢慢转变为顺坡向下的渗流力。雨季过后滑坡位移随库水位上升以及孔隙水压力的消散而逐渐减小。随着耦合的发展，坡体内部材料损伤不断积累，受此影响滑坡中部的变形逐渐向后部发展且在后缘达到最大；与此同时，坡脚处滑坡体在库水周期升降作用下材料强度和坡体稳定性被削弱，变形日趋明显，当库水下降时坡脚产生快速变形。滑坡在周期性升降的库水和季节性降雨的共同影响下，坡脚逐渐失稳，同时，滑坡后部拉裂缝亦逐渐贯通，藕塘滑坡失稳。

⑤ 藕塘滑坡前部滑体破坏显示出后退式（牵引式）的特点，同时，长期的降雨使得中上部越来越多的滑坡体出现滑动并将推动各次级滑体中部及前部块体运动（推移式）。因此，藕塘滑坡在降雨和库水耦合作用下的破坏模式具有前缘牵引（库水作用）-后部推移（降雨作用）的复合运动的特点。

（6）探讨了减荷反压、支挡阻滑以及截排水工程等滑坡治理措施在三峡库区不同基覆面形态堆积层滑坡中的适用性。

① 减荷反压工程适用于具有较长缓倾角段的上陡-下缓形基覆面滑坡，不适用于类直线形基覆面滑坡。抗滑挡墙技术一般适用于上陡-下缓形基覆面滑坡。

② 格构锚索（杆）支护技术在以上两类不同基覆面形态滑坡中均适用，且在基覆面倾角较陡的类直线形基覆面滑坡中更具经济性；抗滑桩技术在以上两类不同基覆面形态滑坡中均适用，若应用在上陡-下缓形基覆面滑坡，当前缘缓倾角段较长时，工程效果最佳。

③ 截排水措施在以上两类不同基覆面形态滑坡中均适用。值得注意的是，截排水方法主要是与其他工程措施配套进行综合整治。实践说明，对于类直线形基覆面滑坡，用单一排水工程措施是难于奏效的。但对于上陡-下缓形基覆面滑坡，如果该滑坡未发生失稳和具有前缘缓倾角段且已稳定的滑坡可以尝试单独使用。

参考文献

[1] 杨背背. 三峡库区万州区库岸堆积层滑坡变形特征及位移预测研究[D]. 武汉：中国地质大学, 2019.

[2] KANG Y, ZHAO C, ZHANG Q, et al. Application of InSAR techniques to an analysis of the Guanling landslide [J]. Remote sensing, 2017, 9(10): 1046.

[3] HUANG B, YIN Y, LIU G, et al. Analysis of waves generated by Gongjiafang landslide in Wu Gorge, three Gorges reservoir, on November 23, 2008 [J]. Landslides, 2012, 9(3): 395 405.

[4] 龚一鸣. 地层学基础与前沿[M]. 武汉：中国地质大学出版社, 2007.

[5] 刘贵应. 库水位变化对三峡库区堆积层滑坡稳定性的影响 [J]. 安全与环境工程, 2011, 18(05): 30-2+6.

[6] 许建聪, 尚岳全, 王建林. 松散土质滑坡位移与降雨量的相关性研究 [J]. 岩石力学与工程学报, 2006, 25(s1): 2854-60.

[7] 钟立勋. 中国重大地质灾害实例分析 [J]. 中国地质灾害与防治学报, 1999, (03): 2-7+11.

[8] 高连通, 晏鄂川, 刘珂. 考虑降雨条件的堆积体滑坡多场特征研究[J]. 工程地质学报, 2014, 22(02): 263-71.

[9] 夏金梧, 郭厚桢. 长江上游地区滑坡分布特征及主要控制因素探讨[J]. 水文地质工程地质, 1997, 7(01): 19-22+32.

[10] ZHANG Z, QIAN M, WEI S, et al. Failure mechanism of the qianjiangping slope in three gorges reservoir area, China [J]. Geofluids, 2018, 2018(15): 1-12.

[11] SONG K, WANG F, YI Q, et al. Landslide deformation behavior influenced by water level fluctuations of the Three Gorges Reservoir (China) [J]. Engineering Geology, 2018, 247( ): 58-68.

[12] LUO S, JIN X, HUANG D. Long-term coupled effects of hydrological factors on kinematic responses of a reactivated landslide in the Three Gorges Reservoir [J]. Engineering Geology, 2019, 261: 105271.

[13] WANG H, SUN Y, TAN Y, et al. Deformation characteristics and stability evolution behavior of Woshaxi landslide during the initial impoundment period of the Three Gorges reservoir [J]. Environmental Earth Sciences, 2019, 78(20): 592.

[14] YIN Y, HUANG B, WANG W, et al. Reservoir-induced landslides and risk control in Three Gorges Project on Yangtze River, China [J]. Journal of Rock Mechanics and Geotechnical Engineering, 2016, 8(5): 577-95.

[15] TANG H, WASOWSKI J, JUANG C H. Geohazards in the three Gorges Reservoir Area, China–Lessons learned from decades of research [J]. Engineering Geology, 2019, 261: 105267.

[16] 赵瑞欣. 三峡工程库水变动下堆积层滑坡成灾风险研究 [D] .北京：中国地质大学(北京), 2016.

[17] ZHANG S, LV P, YANG X, et al. Spatiotemporal distribution and failure mechanism analyses of reservoir landslides in the Dagangshan reservoir, south-west China [J]. Geomatics, Natural Hazards and Risk, 2018, 9(1): 791-815.

[18] IQBAL J, TU X, XU L. Landslide hazards in reservoir areas: case study of Xiangjiaba reservoir, Southwest China [J]. Natural Hazards Review, 2017, 18(4): 04017009.

[19] 黄润秋. 20 世纪以来中国的大型滑坡及其发生机制 [J]. 岩石力学与工程学报, 2007, (03): 433-54.

[20] LI S, XU Q, TANG M, et al. Characterizing the spatial distribution and fundamental controls of landslides in the three gorges reservoir area, China [J]. Bulletin of Engineering Geology and the Environment, 2019, 78(6): 4275-90.

[21] MARTHA T R, ROY P, GOVINDHARAJ K B, et al. Landslides triggered by the June 2013 extreme rainfall event in parts of Uttarakhand state, India [J]. Landslides, 2015, 12(1): 135-46.

[22] JEMEC M, KOMAC M. Rainfall patterns for shallow landsliding in perialpine Slovenia [J]. Natural hazards, 2013, 67(3): 1011-23.

[23] TANG M, XU Q, YANG H, et al. Activity law and hydraulics mechanism of landslides with different sliding surface and permeability in the Three Gorges Reservoir Area, China [J]. Engineering Geology, 2019, 260: 105212.

[24] LIU H, LI D, WANG Z, et al. Physical modeling on failure mechanism of locked-segment landslides triggered by heavy precipitation [J]. Landslides, 2020, 17(2): 459-69.

[25] CARPENTER J H. Landslide risk along Lake Roosevelt [J]. Massachusetts Institute of Technology, 1984.

[26] BRABB E E, HARROD B. Landslides: extent and economic significance [M]. Balkema Rotterdam, 1989.

[27] 彭令, 徐素宁, 彭军还. 三峡库区滑坡规模与发育特征研究 [J]. 现代地质, 2014, 28(5): 1077-86.

[28] MALAMUD B D, TURCOTTE D L. Self-organized criticality applied to natural hazards [J]. Natural Hazards, 1999, 20(2-3): 93-116.

[29] DAI F, LEE C. Frequency–volume relation and prediction of rainfall-induced landslides [J]. Engineering geology, 2001, 59(3-4): 253-66.

[30] GUTHRIE R, EVANS S. Analysis of landslide frequencies and characteristics in a natural system, coastal British Columbia [J]. Earth Surface Processes and Landforms. The Journal of the British Geomorphological Research Group, 2004, 29(11): 1321-39.

[31] HUNGR O, EVANS S, HAZZARD J. Magnitude and frequency of rock falls and rock slides along the main transportation corridors of southwestern British Columbia [J]. Canadian Geotechnical Journal, 1999, 36(2): 224-38.

[32] STARK C P, HOVIUS N. The characterization of landslide size distributions [J]. Geophysical Research Letters, 2001, 28(6): 1091-4.

[33] MARTIN Y, ROOD K, SCHWAB J W, et al. Sediment transfer by shallow landsliding in the Queen Charlotte Islands, British Columbia [J]. Canadian Journal of Earth Sciences, 2002, 39(2): 189-205.

[34] GUZZETTI F, MALAMUD B D, TURCOTTE D L, et al. Power-law correlations of landslide areas in central Italy [J]. Earth and Planetary Science Letters, 2002, 195(3-4): 169-83.

[35] HOVIUS N, STARK C P, HAO-TSU C, et al. Supply and removal of sediment in a landslide-dominated mountain belt: Central Range, Taiwan [J]. The Journal of Geology, 2000, 108(1): 73-89.

[36] MALAMUD B D, TURCOTTE D L, GUZZETTI F, et al. Landslide inventories and their statistical properties [J]. Earth Surface Processes and Landforms, 2004, 29(6): 687-711.

[37] 桂蕾. 三峡库区万州区滑坡发育规律及风险研究 [D]. 武汉：中国地质大学, 2014.

[38] 赵艳南. 三峡库区蓄水过程中滑坡变形规律研究 [D]. 武汉：中国地质大学, 2015.

[39] ZHANG M, LIU J. Controlling factors of loess landslides in western China [J]. Environmental

Earth Sciences, 2010, 59(8): 1671-80.

[40] GUZZETTI F, ARDIZZONE F, CARDINALI M, et al. Distribution of landslides in the Upper Tiber River basin, central Italy [J]. Geomorphology, 2008, 96(1-2): 105-22.

[41] XU C, SUN Q, YANG X. A study of the factors influencing the occurrence of landslides in the Wushan area [J]. Environmental Earth Sciences, 2018, 77(11): 1-8.

[42] LI C, FU Z, WANG Y, et al. Susceptibility of reservoir-induced landslides and strategies for increasing the slope stability in the Three Gorges Reservoir Area: Zigui Basin as an example [J]. Engineering Geology, 2019, 261: 105279.

[43] 蔺力. 三峡库区丰都—涪陵段滑坡稳定性评价及危险性预测[D]. 成都：成都理工大学, 2017.

[44] JAKOB M. The impacts of logging on landslide activity at Clayoquot Sound, British Columbia [J]. Catena, 2000, 38(4): 279-300.

[45] 安海堂, 刘平. 新疆伊犁地区黄土滑坡成因及影响因素分析[J]. 地质灾害与环境保护, 2010, 21(03): 22-5.

[46] 孟晖, 胡海涛. 我国主要人类工程活动引起的滑坡, 崩塌和泥石流灾害[J]. 工程地质学报, 1996, 4(4): 69-74.

[47] 张茂省, 李同录. 黄土滑坡诱发因素及其形成机理研究[J]. 工程地质学报, 2011, 19(4): 530-40.

[48] 侯景瑞. 汶川地震滑坡及其影响因素研究[D]. 兰州：中国地震局兰州地震研究所, 2011.

[49] 许冲, 戴福初, 姚鑫, et al. 基于 GIS 的汶川地震滑坡灾害影响因子确定性系数分析[J]. 岩石力学与工程学报, 2010, 29(S1): 2792-981.

[50] 黄润秋, 李为乐. "5.12" 汶川大地震触发地质灾害的发育分布规律研究[J]. 岩石力学与工程学报, 2008, 27(12): 2585-92.

[51] IBAñEZ J P, HATZOR Y H. Rapid sliding and friction degradation: Lessons from the catastrophic Vajont landslide [J]. Engineering Geology, 2018, 244: 96-106.

[52] ALVARADO M, PINYOL N M, ALONSO E. Thermal interaction in shear bands: the Vajont landslide. A: "The Material Point Method for geotechnical engineering: a practical guide" [M]. CRC Press, 2019.

[53] PETRONIO L, BOAGA J, CASSIANI G. Characterization of the Vajont landslide (North-Eastern Italy) by means of reflection and surface wave seismics[J]. Journal of Applied Geophysics, 2016, 128: 58-67.

[54] CROSTA G B, IMPOSIMATO S, RODDEMAN D. Landslide spreading, impulse water waves and modelling of the Vajont rockslide [J]. Rock Mechanics and Rock Engineering, 2016, 49(6): 2413-36.

[55] PARONUZZI P, BOLLA A, RIGO E. Brittle and ductile behavior in deep-seated landslides: learning from the Vajont experience [J]. Rock Mechanics and Rock Engineering, 2016, 49(6): 2389-411.

[56] WOLTER A, STEAD D, WARD B C, et al. Engineering geomorphological characterisation of the Vajont Slide, Italy, and a new interpretation of the chronology and evolution of the landslide [J]. Landslides, 2016, 13(5): 1067-81.

[57] YIN Y, HUANG B, ZHANG Q, et al. Research on recently occurred reservoir-induced Kamenziwan rockslide in Three Gorges Reservoir, China [J]. Landslides, 2020, 27(02). 1-15.

[58] ZHAO Y, XU M, GUO J, et al. Accumulation characteristics, mechanism, and identification of an ancient translational landslide in China [J]. Landslides, 2015, 12(6): 1119-30.

[59] YAN G, YIN Y, HUANG B, et al. Formation mechanism and characteristics of the Jinjiling landslide in Wushan in the Three Gorges Reservoir region, China [J]. Landslides, 2019, 16(11): 2087-101.

[60] HOU T, XU G, SHEN Y, et al. Formation mechanism and stability analysis of the Houba expansive soil landslide [J]. Engineering geology, 2013, 161: 34-43.

[61] SUN G, HUANG Y, LI C, et al. Formation mechanism, deformation characteristics and stability analysis of Wujiang landslide near Centianhe reservoir dam [J]. Engineering Geology, 2016, 211: 27-38.

[62] GU D M, HUANG D, YANG W D, et al. Understanding the triggering mechanism and possible kinematic evolution of a reactivated landslide in the Three Gorges Reservoir [J]. Landslides, 2017, 14(6): 2073-87.

[63] ZHAO B, WANG Y, WANG Y, et al. Triggering mechanism and deformation characteristics of a reactivated ancient landslide, Sichuan Province, China [J]. Landslides, 2019, 16(2): 383-93.

[64] HUANG D, GU D M, SONG Y X, et al. Towards a complete understanding of the triggering mechanism of a large reactivated landslide in the Three Gorges Reservoir [J]. Engineering Geology, 2018, 238: 36-51.

[65] XU S, NIU R. Displacement prediction of Baijiabao landslide based on empirical mode

decomposition and long short-term memory neural network in Three Gorges area, China [J]. Computers & Geosciences, 2018, 111: 87-96.

[66] ZHOU C, YIN K, CAO Y, et al. Displacement prediction of step-like landslide by applying a novel kernel extreme learning machine method [J]. Landslides, 2018, 15(11): 2211-25.

[67] GUO Z, CHEN L, GUI L, et al. Landslide displacement prediction based on variational mode decomposition and WA-GWO-BP model [J]. Landslides, 2019, 17(02): 1-17.

[68] LIU Y, XU C, HUANG B, et al. Landslide displacement prediction based on multi-source data fusion and sensitivity states [J]. Engineering Geology, 2020: 105608.

[69] HUANG B, YIN Y, TAN J. Risk assessment for landslide-induced impulse waves in the Three Gorges Reservoir, China [J]. Landslides, 2019, 16(3): 585-96.

[70] GUO Z, CHEN L, YIN K, et al. Quantitative risk assessment of slow-moving landslides from the viewpoint of decision-making: A case study of the Three Gorges Reservoir [J]. Engineering Geology, 2020: 105667.

[71] XIAO L, WANG J, ZHU Y, et al. Quantitative Risk Analysis of a Rainfall-Induced Complex Landslide in Wanzhou County, Three Gorges Reservoir, China [J]. International Journal of Disaster Risk Science, 2020, 11(03): 1-17.

[72] XIONG B, LI R, JOHNSON D, et al. Spatial distribution, risk assessment, and source identification of heavy metals in water from the Xiangxi River, Three Gorges Reservoir Region, China [J]. Environmental Geochemistry and Health, 2020, (43): 915-30.

[73] 张咪咪. 水库环境中滑面形态对滑坡稳定性的控制作用研究[D]. 北京：中国地质大学(北京), 2017.

[74] 张忠平, 屈有智, 李荷生. 滑坡滑动面位置、形态的确定与工程对策[J]. 路基工程, 1997, (05): 8-11.

[75] 严敏嘉. 三峡库区堆积层滑坡滑动面特征及稳定性研究[D]. 武汉:武汉工程大学, 2015.

[76] 靳晓光, 王兰生, 李晓红. 滑坡滑动面位置的确定及超前预测[J]. 中国地质灾害与防治学报, 2001, (01): 14-6.

[77] 殷跃平. 三峡库区地下水渗透压力对滑坡稳定性影响研究[J]. 中国地质灾害与防治学报, 2003, (3): 4-11.

[78] RUILIN H U. Main features and identification method of sliding-surfaces in soil and rock slopes [J]. Journal of Engineering Geology, 2010, 18(01): 35-40.

[79] 肖诗荣, 胡志宇, 卢树盛, 等. 三峡库区水库复活型滑坡分类[J]. 长江科学院院报,

2013, 30(11): 42-7.

[80] 张倬元. 工程地质分析原理[M]. 北京：地质出版社, 1981.

[81] 钱灵杰. 三峡水库滑坡变形响应规律及机理研究[D]. 成都：成都理工大学, 2016.

[82] 陆玉珑. 试论滑坡滑动面及其工程特征[J]. 路基工程, 1993, (01): 12-7.

[83] 孙永帅, 胡瑞林. 土石混合体变形破坏的不同形态基覆面效应试验研究[J]. 岩石力学与工程学报, 2016, 35(S1): 2907-14.

[84] 孙永帅, 胡瑞林. 土石混合体变形破坏的基覆面效应研究[J]. 西南交通大学学报, 2018, 53(02): 330-6.

[85] 李松林, 许强, 汤明高, 等. 库水位升降作用下不同滑面形态老滑坡响应规律[J]. 工程地质学报, 2017, 25(03): 841-52.

[86] 汤明高, 李松林, 许强, 等. 基于离心模型试验的库岸滑坡变形特征研究[J]. 岩土力学, 2020, 41(03): 755-64.

[87] 潘皇宋, 李天斌, 仵拨云, 等. 降雨条件下折线型滑面的大型滑坡稳定性离心模型试验[J]. 岩土工程学报, 2016, 38(04): 696-704.

[88] IGWE, O. The influence of bedrock geology and slip surface characteristics on failure mode and mobility: a comparative study of instability patterns in Nigeria[J]. Arabian Journal of Geosciences, 2015, 8(11): 9831-44.

[89] 肖诗荣, 刘德富, 胡志宇. 世界三大典型水库型顺层岩质滑坡工程地质比较研究[J]. 工程地质学报, 2010, 18(01): 52-60.

[90] 张振华, 胡宜, 王正禹. 典型岩质顺层岸坡在库水位上升过程中的稳定系数变化特征[J]. 防灾减灾工程学报, 2015, (5): 574-80.

[91] 金德镰, 王耕夫. 柘溪水库塘岩光滑坡[Z]. 北京：科学出版社. 1988: 301-5

[92] TANG H, YONG R, ELDIN M E. Stability analysis of stratified rock slopes with spatially variable strength parameters: the case of Qianjiangping landslide [J]. Bulletin of engineering geology and the environment, 2017, 76(3): 839-53.

[93] JONES F O, EMBODY D R, PETERSON W L, et al. Landslides along the Columbia River valley, northeastern Washington, with a section on seismic surveys [J]. 1961.

[94] LANE K S. Stability Of Reservoir Slopes; proceedings of the Proc of Symposium on Rock Mechanics, F, 1966 [C].

[95] NAKAMURA K. On reservoir landslide [J]. Bull Soil Water Conserv, 1990, 10 (1): 53–64.

[96] RIEMER W. Landslides and reservoirs (keynote paper)[A]. In: Proceedings of the 6th

International Symposium on Landslides[C]. Christchurch: [s. n.], pp. [J]. 1992: 1373–2004.

[97]　ICOLD. Reservoir Landslides: Investigation and Management—Guidelines and Case Histories [J]. 2002.: (Bulletin 124).

[98]　BARLA G, ANTOLINI F, BARLA M, et al. Monitoring of the Beauregard landslide (Aosta valley, Italy) using advance and coventional techniques. Engineering Geology, 116, 218-235 [J]. Engineering Geology, 2010, 116(3): 218-35.

[99]　JR A J H, PATTON F D. The vaiont slide — A geotechnical analysis based on new geologic observations of the failure surface[J]. 1987, 24(1-4): 475-91.

[100]　SEMENZA E, GHIROTTI M. History of the 1963 Vaiont slide: the importance of geological factors [J]. Bulletin of Engineering Geology & the Environment, 2000, 59(2): 87-97.

[101]　K., S., KALENCHUK, et al. Downie Slide: numerical simulation of groundwater fluctuations influencing the behaviour of a massive landslide[J]. Bulletin of Engineering Geology & the Environment, 2013.

[102]　许强, 汤明高, 徐开祥, 等. 滑坡时空演化规律及预警预报研究[J]. 岩石力学与工程学报, 2008, 27(06): 1104-12.

[103]　曾裕平. 重大突发性滑坡灾害预测预报研究[D]. 成都：成都理工大学, 2009.

[104]　李远耀. 三峡库区渐进式库岸滑坡的预测预报研究[D]. 武汉：中国地质大学, 2010.

[105]　汤罗圣. 三峡库区堆积层滑坡稳定性与预测预报研究[D]; 武汉: 中国地质大学, 2013.

[106]　SCHUSTER R L. Reservoir-induced landslides [J]. Bulletin of the International Association of Engineering Geology Bulletin De Lassociation Internationale De Géologie De Lingénieur, 1979, 20(1): 8-15.

[107]　HU X, MING Z, SUN M, et al. Deformation characteristics and failure mode of the Zhujiadian landslide in the Three Gorges Reservoir, China [J]. Bulletin of Engineering Geology & the Environment, 2015, 74(1): 1-12.

[108]　TANG H, LI C, HU X, et al. Deformation response of the Huangtupo landslide to rainfall and the changing levels of the Three Gorges Reservoir [J]. Bulletin of Engineering Geology & the Environment, 2015, 74(3): 933-42.

[109]　易武, 孟召平, 易庆林. 三峡库区滑坡预测理论与方法 [M]. 北京：科学出版社, 2011.

[110]　罗晓红, 李进元. 水库蓄水对库岸滑坡影响分析[J]. 水电站设计, 2003, (3): 63-6+71.

[111]　涂国祥, 邓辉, 黄润秋. 水位变动速度对某库区岸坡堆积体稳定性的影响[J]. 四川大学学报(工程科学版), 2011, 43(04): 63-70.

[112] PARONUZZI P, RIGO E, BOLLA A. Influence of filling–drawdown cycles of the Vajont reservoir on Mt. Toc slope stability [J]. Geomorphology, 2013, 191: 75-93.

[113] HUANG D, GU D M. Influence of filling-drawdown cycles of the Three Gorges reservoir on deformation and failure behaviors of anaclinal rock slopes in the Wu Gorge [J]. Geomorphology, 2017, 295: 489-506.

[114] 徐文杰, 王立朝, 胡瑞林. 库水位升降作用下大型土石混合体边坡流-固耦合特性及其稳定性分析 [J]. 岩石力学与工程学报, 2009, 28(07): 1491-8.

[115] OKEKE C U, WANG F. Critical hydraulic gradients for seepage-induced failure of landslide dams [J]. Geoenvironmental Disasters, 2016, 3(01): 9.

[116] SONG D, LIANG S, WANG Z. The influence of reservoir filling on a preexisting bank landslide stability [J]. Indian Journal of Geo Marine Sciences, 2018, 47(1): 291-300.

[117] WANG F, ZHANG Y, HUO Z, et al. Mechanism for the rapid motion of the Qianjiangping landslide during reactivation by the first impoundment of the Three Gorges Dam reservoir, China [J]. Landslides, 2008, 5(4): 379-86.

[118] BANSAL R K, DAS S K. Response of an unconfined sloping aquifer to constant recharge and seepage from the stream of varying water level [J]. Water Resources Management, 2011, 25(03): 893-911.

[119] 任光明. 顺层坡滑坡形成机制的物理模拟及力学分析[J]. 山地学报, 1998, 16(03): 182-7.

[120] 许强, 陈建君, 张伟. 水库塌岸时间效应的物理模拟研究[J]. 水文地质工程地质, 2008, 35(4): 58-61.

[121] SITAR N, MACLAUGHLIN M M, DOOLIN D M. Influence of Kinematics on Landslide Mobility and Failure Mode [J]. Journal of Geotechnical & Geoenvironmental Engineering, 2005, 131(6): 716-28.

[122] CHEN X, HUANG J. Stability analysis of bank slope under conditions of reservoir impounding and rapid drawdown [J]. Journal of Rock Mechanics and Geotechnical Engineering, 2011, 3(S1): 429-37.

[123] 祁生文, 伍法权, 常中华, 等. 三峡地区奉节县城缓倾层状岸坡变形破坏模式及成因机制 [J]. 岩土工程学报, 2006, 28(1): 88-91.

[124] LUO S, HUANG D. Deformation characteristics and reactivation mechanisms of the Outang ancient landslide in the Three Gorges Reservoir, China [J]. Bulletin of Engineering Geology and the Environment, 2020, 79(05): 3943–58.

[125] 汤明高, 许强, 黄润秋. 三峡库区典型塌岸模式研究 [J]. 工程地质学报, 2006, 14(02): 172-7.

[126] IQBAL J, DAI F, HONG M, et al. Failure mechanism and stability analysis of an active landslide in the xiangjiaba reservoir area, southwest china [J]. Journal of Earth Science, 2018, 29(3): 646-61.

[127] WANG J, XIAO L, ZHANG J, et al. Deformation characteristics and failure mechanisms of a rainfall-induced complex landslide in Wanzhou County, Three Gorges Reservoir, China [J]. Landslides, 2020, 17(2): 419-31.

[128] ALONSO E E, GENS A, DELAHAYE C H. Influence of rainfall on the deformation and stability of a slope in overconsolidated clays: a case study [J]. Hydrogeology Journal, 2003, 11(1): 174-92.

[129] PERUCCACCI S, BRUNETTI M T, LUCIANI S, et al. Lithological and seasonal control on rainfall thresholds for the possible initiation of landslides in central Italy [J]. Geomorphology, 2012, 139-140: 79-90.

[130] VALLET A, CHARLIER J B, FABBRI O, et al. Functioning and precipitation-displacement modelling of rainfall-induced deep-seated landslides subject to creep deformation [J]. Landslides, 2016, 13(4): 653-70.

[131] IADANZA C, TRIGILA A, NAPOLITANO F. Identification and characterization of rainfall events responsible for triggering of debris flows and shallow landslides [J]. Journal of Hydrology, 2016, 541(Part A): 230-45.

[132] XIA M, REN G M, XIN LEI M A. Deformation and mechanism of landslide influenced by the effects of reservoir water and rainfall, Three Gorges, China [J]. Natural Hazards, 2013, 68(2): 467-82.

[133] 秦洪斌. 三峡库区库水与降雨诱发滑坡机理及复活判据研究 [D]. 宜昌：三峡大学, 2011.

[134] 杨金. 巴东县城黄土坡滑坡库水与降雨联合作用复活机理 [D]. 武汉：中国地质大学, 2012.

[135] KEQIANG H, SHANGQING W, WEN D, et al. Dynamic features and effects of rainfall on landslides in the Three Gorges Reservoir region, China: using the Xintan landslide and the large Huangya landslide as the examples [J]. Environmental earth sciences, 2010, 59(6): 1267.

[136] 尚敏, 刘昱廷, 侯时平, 等. 三峡库区秭归县盐关滑坡变形特征及成因机制分析 [J]. 三

峡大学学报:自然科学版, 2019, 41(06): 43-7.

[137] 任俊谦. 三峡库区不同成因类型老滑坡体渗透特性及水位升降速率对其稳定性影响 [D]. 成都：成都理工大学, 2016.

[138] 王世梅, 陈勇, 田东方, et al. 三峡库区滑坡复活机理及稳定性评价方法 [M]. 北京: 科学出版社, 2017.

[139] MEI B, XU Y, ZHANG Y. P-and S-velocity structure beneath the Three Gorges region (central China) from local earthquake tomography [J]. Geophysical Journal International, 2013, 193(2): 1035-49.

[140] TIMILSINA M, BHANDARY N P, DAHAL R K, et al. Distribution probability of large-scale landslides in central Nepal [J]. Geomorphology, 2014, 226: 236-48.

[141] BAI S-B, WANG J, Lü G-N, et al. GIS-based logistic regression for landslide susceptibility mapping of the Zhongxian segment in the Three Gorges area, China [J]. Geomorphology, 2010, 115(1-2): 23-31.

[142] WU S, JIN Y, ZHANG Y, et al. Investigations and assessment of the landslide hazards of Fengdu County in the reservoir region of the Three Gorges project on the Yangtze River [J]. Environmental Geology, 2004, 45(4): 560-6.

[143] HARTMANN J, MOOSDORF N. Global Lithological Map Database v1. 0 (gridded to 0.5 spatial resolution). PANGAEA [Z]. 2012

[144] STEAD D, WOLTER A. A critical review of rock slope failure mechanisms: the importance of structural geology [J]. Journal of Structural Geology, 2015, 74: 1-23.

[145] STOUT M. Slip surface geometry in landslides, southern California and Norway [J]. Association of Engineering Geologists Bulletin, 1971, 8: 59-78.

[146] HUTCHINSON J N. Methods of locating slip surfaces in landslides [J]. Bulletin of the Association of Engineering Geologists, 1983, 20(3): 235-52.

[147] BAUM R L, MESSERICH J, FLEMING R W. Surface deformation as a guide to kinematics and three-dimensional shape of slow-moving, clay-rich landslides, Honolulu, Hawaii [J]. Environmental & Engineering Geoscience, 1998, 4(3): 283-306.

[148] GUERRIERO L, COE J A, REVELLINO P, et al. Influence of slip-surface geometry on earth-flow deformation, Montaguto earth flow, southern Italy [J]. Geomorphology, 2014, 219: 285-305.

[149] VAN ASCH T W, MALET J-P, VAN BEEK L. Influence of landslide geometry and kinematic

deformation to describe the liquefaction of landslides: some theoretical considerations [J]. Engineering geology, 2006, 88(1-2): 59-69.

[150] CRUDEN D, VARNES D. Landslides Types and Processes in Turner, AK and Schuster, RL (eds.), 1996, Landslides Investigation and Mitigation, Special Report 247 [J]. Transportation Research Board, National Research Council, Washington, DC.

[151] HUNGR O, LEROUEIL S, PICARELLI L. The Varnes classification of landslide types, an update [J]. Landslides, 2014, 11(2): 167-94.

[152] 马新建. 三峡库区滑坡堆积体的渗透特性及渗流规律研究 [D]. 成都：成都理工大学, 2018.

[153] GU D, HUANG D. A complex rock topple-rock slide failure of an anaclinal rock slope in the Wu Gorge, Yangtze River, China [J]. Engineering Geology, 2016, 208: 165-80.

[154] ZHANG P, TAN Z L, HU Q, et al. Geological impact of the Three Gorges Reservoir on the Yangtze River in China [J]. Environmental Earth Sciences, 2019, 78(15): 443.

[155] LI C, YAN J, WU J, et al. Determination of the embedded length of stabilizing piles in colluvial landslides with upper hard and lower weak bedrock based on the deformation control principle [J]. Bulletin of engineering geology and the environment, 2019, 78(2): 1189-208.

[156] TORRES-SUAREZ M C, ALARCON-GUZMAN A, BERDUGO-DE MOYA R. Effects of loading–unloading and wetting–drying cycles on geomechanical behaviors of mudrocks in the Colombian Andes [J]. Journal of Rock Mechanics and Geotechnical Engineering, 2014, 6(3): 257-68.

[157] LIAO K, WU Y, MIAO F, et al. Time-varying reliability analysis of Majiagou landslide based on weakening of hydro-fluctuation belt under wetting-drying cycles [J]. Landslides, 2020, 18(06): 1-14.

[158] JIAN W, XU Q, YANG H, et al. Mechanism and failure process of Qianjiangping landslide in the Three Gorges Reservoir, China [J]. Environmental Earth Sciences, 2014, 72(8): 2999-3013.

[159] BAK P, TANG C, WIESENFELD K. Self-organized criticality: an explanation of 1/f noise [J]. Phys Rev Lett, 1987, 56(01): 75-90.

[160] GUO F, LUO Z, LI H, et al. Self-organized criticality of significant fording landslides in Three Gorges Reservoir area, China [J]. Environmental Earth Sciences, 2016, 75(7): 607.

[161] JOHNSON N L, KOTZ S, BALAKRISHNAN N. Continuous univariate distributions [M]. John Wiley & Sons, Ltd, 1995.

[162] BRARDINONI F, SLAYMAKER O, HASSAN M A. Landslide inventory in a rugged forested watershed: a comparison between air-photo and field survey data [J]. Geomorphology, 2003, 54(3-4): 179-96.

[163] GUZZETTI F, MONDINI A C, CARDINALI M, et al. Landslide inventory maps: New tools for an old problem [J]. Earth-Science Reviews, 2012, 112(1-2): 42-66.

[164] INNES J L. Lichenometric dating of debris‐flow deposits in the Scottish Highlands [J]. Earth Surface Processes and Landforms, 1983, 8(6): 579-88.

[165] WISE M P. Probabilistic modelling of debris flow travel distance using empirical volumetric relationships [D]; University of British Columbia, 1997.

[166] YAO W, LI C, ZUO Q, et al. Spatiotemporal deformation characteristics and triggering factors of Baijiabao landslide in Three Gorges Reservoir region, China [J]. Geomorphology, 2019, 343. 34-47.

[167] CABALLERO Y, JOMELLI V, CHEVALLIER P, et al. Hydrological characteristics of slope deposits in high tropical mountains (Cordillera Real, Bolivia) [J]. Catena, 2002, 47(2): 101-16.

[168] 陈红旗, 黄润秋, 林峰. 大型堆积体边坡的空间工程效应研究 [J]. 岩土工程学报, 2005, 27(03): 323-8.

[169] CARTER M, BENTLEY S. The geometry of slip surfaces beneath landslides: predictions from surface measurements [J]. Canadian Geotechnical Journal, 1985, 22(2): 234-8.

[170] XIAO Z, TIAN B, LU X. Locating the critical slip surface in a slope stability analysis by enhanced fireworks algorithm [J]. Cluster Computing, 2019, 22(1): 719-29.

[171] WANG Y, HUANG J, TANG H. Automatic identification of critical slip surface of slopes [J]. Engineering Geology, 2020: 105672.

[172] WANG S, WU W, WANG J, et al. Residual-state creep of clastic soil in a reactivated slow-moving landslide in the Three Gorges Reservoir Region, China [J]. Landslides, 2018, 15(12): 2413-22.

[173] WANG S, WANG J, WU W, et al. Creep properties of clastic soil in a reactivated slow-moving landslide in the Three Gorges Reservoir Region, China [J]. Engineering Geology, 2020, 267: 105493.

[174] ZHANG Z, HAN L, WEI S, et al. Disintegration law of strongly weathered purple mudstone on the surface of the drawdown area under the conditions of Three Gorges Reservoir operation

[J]. Engineering Geology, 2020: 105584.

[175] MIAO H, WANG G, YIN K, et al. Mechanism of the slow-moving landslides in Jurassic red-strata in the Three Gorges Reservoir, China [J]. Engineering geology, 2014, 171(08): 59-69.

[176] LUO H, WU F, CHANG J, et al. Microstructural constraints on geotechnical properties of Malan Loess: a case study from Zhaojiaan landslide in Shaanxi province, China [J]. Engineering Geology, 2018, 236: 60-9.

[177] SCHäBITZ M, JANSSEN C, WENK H-R, et al. Microstructures in landslides in northwest China–Implications for creeping displacements? [J]. Journal of Structural Geology, 2018, 106: 70-85.

[178] WANG Y, WANG X, JIAN J. Remote Sensing Landslide Recognition Based on Convolutional Neural Network [J]. Mathematical Problems in Engineering, 2019, 2019.

[179] 严春杰, 唐辉明, 孙云志. 利用扫描电镜和 X 射线衍射仪对滑坡滑带土的研究 [J]. 地质科技情报, 2001, 20(04): 89-92.

[180] 邓永煌, 黄鹏程, 易武, 等. 三峡库区秭归县沙镇溪镇岩质顺层滑坡发育规律 [J]. 水电能源科学, 2018, 36(03): 128-31,35.

[181] 赵德君, 余荣华, 廖明政. 三峡库区巴东组滑坡发育的影响因子研究 [J]. 资源环境与工程, 2018, 32(S1): 63-8.

[182] 易武, 孟昭平, 易庆林. 三峡库区滑坡预测理论与方法 [M]. 北京: 科学出版社, 2011.

[183] 张夏冉, 殷坤龙, 夏辉, 等. 渗透系数与库水位升降对下坪滑坡稳定性的影响研究 [J]. 2017.

[184] 中国地质调查局. 水文地质手册: [S]. 北京: 地质出版社, 2012.

[185] 汤明高, 杨何, 许强, 等. 三峡库区滑坡土体渗透特性及参数研究 [J]. 工程地质学报, 2019, 27(2): 325-32.

[186] 刘文平, 张利民, 郑颖人, 等. 三峡库区重庆段滑坡体抗剪及渗透参数研究 [J]. 地下空间与工程学报, 2009, 5(001): 45-9.

[187] GAO W, DAI S, CHEN X. Landslide prediction based on a combination intelligent method using the GM and ENN: two cases of landslides in the Three Gorges Reservoir, China [J]. Landslides, 2020, 17(1): 111-26.

[188] WEN-JIE, XU, SHI, et al. Discrete element modelling of a soil-rock mixture used in an embankment dam [J]. International Journal of Rock Mechanics and Mining Sciences, 2016.

[189] 徐文杰, 王永刚. 土石混合体细观结构渗流数值试验研究 [J]. 岩土工程学报, 2010, (4):

542-50.

[190] 徐文杰, 张海洋. 土石混合体研究现状及发展趋势 [J]. 水利水电科技进展, 2013, 33(01): 80-8.

[191] 邓茂林, 易庆林, 韩蓓, 等. 长江三峡库区木鱼包滑坡地表变形规律分析 [J]. 岩土力学, 2019, (8): 3145-52.

[192] HUANG X, GUO F, DENG M, et al. Understanding the deformation mechanism and threshold reservoir level of the floating weight-reducing landslide in the Three Gorges Reservoir Area, China [J]. Landslides, 2020, (17): 1-16.

[193] 周剑, 邓茂林, 李卓骏, 等. 三峡库区浮托减重型滑坡对库水升降的响应规律 [J]. 水文地质工程地质, 2019, 046(005): 136-43.

[194] 朱朋, 卢书强, 薛聪聪, 等. 库水位升降与降雨条件下滑坡的渗流及稳定性分析 [J]. 长江科学院院报, 2015, 32(11): 87-92.

[195] WANG F, ZHANG Y, HUO Z, et al. Movement of the Shuping landslide in the first four years after the initial impoundment of the Three Gorges Dam Reservoir, China [J]. Landslides, 2008, 5(3): 321-9.

[196] 张颖博. 三峡库区典型巨厚滑坡削坡减载方案优化研究 [D]. 合肥: 合肥工业大学, 2019.

[197] 胡新丽, M.POTTS D, ZDRAVKOVIC L, 等. 三峡水库运行条件下金乐滑坡稳定性评价 [J]. 地球科学(中国地质大学学报), 2007, (03): 403-8.

[198] 卢雪松, 翁新龙, 范文彦, 等. 金乐滑坡滑带土抗剪强度参数分析与确定 [J]. 煤田地质与勘探, 2009, 37(04): 57-60+3.

[199] 孙仁先, 陈江平, 陈钰. 三峡库区金乐滑坡形态、结构特征及其治理 [J]. 三峡大学学报(自然科学版), 2008, (04): 18-21.

[200] LI C, TANG H, GE Y, et al. Application of back-propagation neural network on bank destruction forecasting for accumulative landslides in the three Gorges Reservoir Region, China [J]. Stochastic environmental research and risk assessment, 2014, 28(6): 1465-77.

[201] 张艺, 熊志涛. 地质灾害治理工程诱发次生灾害的成因和应对措施——以兴山县金乐和后山滑坡为例 [J]. 工程建设, 2017, 49(08): 36-43.

[202] 张玉明. 水库运行条件下马家沟滑坡—抗滑桩体系多场特征与演化机理研究 [D]. 武汉: 中国地质大学, 2018.

[203] ZHANG Y, HU X, TANNANT D D, et al. Field monitoring and deformation characteristics

of a landslide with piles in the Three Gorges Reservoir area [J]. Landslides, 2018, 15(3): 581-92.

[204] ZHANG L, SHI B, ZHANG D, et al. Kinematics, triggers and mechanism of Majiagou landslide based on FBG real-time monitoring [J]. Environmental Earth Sciences, 2020, 79: 1-17.

[205] MA J, TANG H, HU X, et al. Identification of causal factors for the Majiagou landslide using modern data mining methods [J]. Landslides, 2017, 14(1): 311-22.

[206] WANG H, XU W, XU R, et al. Hazard assessment by 3D stability analysis of landslides due to reservoir impounding [J]. Landslides, 2007, 4(4): 381-8.

[207] ZHANG Y, ZHANG Z, XUE S, et al. Stability analysis of a typical landslide mass in the Three Gorges Reservoir under varying reservoir water levels [J]. Environmental Earth Sciences, 2020, 79(1): 42.

[208] HUANG D, LUO S, ZHONG Z, et al. Analysis and modeling of the combined effects of hydrological factors on a reservoir bank slope in the Three Gorges Reservoir area, China [J]. Engineering Geology, 2020: 105858.

[209] TANG H, LI C, HU X, et al. Evolution characteristics of the Huangtupo landslide based on in situ tunneling and monitoring [J]. Landslides, 2015, 12(3): 511-21.

[210] LI S, XU Q, TANG M, et al. Centrifuge modeling and the analysis of ancient landslides subjected to reservoir water level fluctuation [J]. Sustainability, 2020, 12(05): 2092.

[211] LU S, HUANG B. Deforming tendency prediction study on typical accumulation landslide with step-like displacements in the Three Gorges Reservoir, China [J]. Arabian Journal of Geosciences, 2020, 13(09): 1-15.

[212] WANG Y, TANG Y, CAO Y, et al. Study on the Velocity of Partially Submerged Landslide [J]. Journal of Engineering ence and Technology Review, 2014, 7(3): 62-7.

[213] LAMBE T W, WHITMAN R V. Soil mechanics [M]. John Wiley & Sons, 1991.

[214] HUTCHINSON J. An influence line approach to the stabilization of slopes by cuts and fills [J]. Canadian Geotechnical Journal, 1984, 21(2): 363-70.

[215] 邓永煌, 易武, 赵新建. 不同库水位升降速率作用下浮托减重型滑坡稳定性分析 [J]. 科学技术与工程, 2013, 13(32): 9554-8.

[216] 廖红建, 盛谦, 高石夯, 等. 库水位下降对滑坡体稳定性的影响 [J]. 岩石力学与工程学报, 2005, (19): 56-60.

[217] BISHOP A W. The use of the slip circle in the stability analysis of slopes [J]. Geotechnique, 1955, 5(1): 7-17.

[218] SARMA S. Stability analysis of embankments and slopes [J]. Geotechnique, 1973, 23(3): 423-33.

[219] SPENCER E. A method of analysis of the stability of embankments assuming parallel inter-slice forces [J]. Geotechnique, 1967, 17(1): 11-26.

[220] MORGENSTERN N U, PRICE V E. The analysis of the stability of general slip surfaces [J]. Geotechnique, 1965, 15(1): 79-93.

[221] 张倬元, 王士天, 王兰生, 等. 工程地质分析原理 [M]. 北京: 地质出版社, 2016.

[222] 郑岳泽. InSAR 技术在三峡库区滑坡监测中的应用研究 [D]. 北京：中国地质大学(北京), 2019.

[223] 范景辉, 邱阔天, 夏耶, 等. 三峡库区范家坪滑坡地表形变 InSAR 监测与综合分析 [J]. 地质通报, 2017, 36(09): 1665-73.

[224] HUANG H, YI W, LU S, et al. Use of monitoring data to interpret active landslide movements and hydrological triggers in three gorges reservoir [J]. Journal of Performance of Constructed Facilities, 2016, 30(1): C4014005.

[225] LI H, XU Q, HE Y, et al. Modeling and predicting reservoir landslide displacement with deep belief network and EWMA control charts: a case study in Three Gorges Reservoir [J]. Landslides, 2020, 17(3): 693-707.

[226] ZHU D, SONG K, MU J, et al. Effect of climate change induced extreme precipitation on landslide activity in the Three Gorges Reservoir, China [J]. Bulletin of Engineering Geology and the Environment, 2020: 1-14.

[227] CRISS R E, YAO W, LI C, et al. A Predictive, Two-Parameter Model for the Movement of Reservoir Landslides [J]. Journal of Earth Science, 2020: 1-7.

[228] WEN T, TANG H, HUANG L, et al. Energy evolution: A new perspective on the failure mechanism of purplish-red mudstones from the Three Gorges Reservoir area, China [J]. Engineering Geology, 2020, 264: 105350.

[229] KRAHN J. Seepage modeling with SEEP/W: An engineering methodology [J]. GEO-SLOPE International Ltd Calgary, Alberta, Canada, 2004.

[230] YIN Y, WANG H, GAO Y, et al. Real-time monitoring and early warning of landslides at relocated Wushan Town, the Three Gorges Reservoir, China [J]. Landslides, 2010, 7(3): 339-

49.

[231] WEN B, WANG S, WANG E, et al. Characteristics of rapid giant landslides in China [J]. Landslides, 2004, 1(4): 247-61.

[232] FAN X-M, XU Q, ZHANG Z-Y, et al. The genetic mechanism of a translational landslide [J]. Bulletin of Engineering Geology and the Environment, 2009, 68(2): 231-44.

[233] ZHANG L, SHI B, ZHU H, et al. PSO-SVM-based deep displacement prediction of Majiagou landslide considering the deformation hysteresis effect [J]. Landslides, 2020: 1-15.

[234] 雷光宇. 三峡库区涉水土质滑坡稳定性分析及处治技术研究 [D]. 徐州：中国矿业大学, 2009.

[235] 李智毅, 杨裕云. 工程地质学概述 [M]. 武汉: 中国地质大学出版社, 2003.

[236] 成永刚. 滑坡的区域性分布规律与防治方案研究 [D]. 成都：西南交通大学, 2013.

[237] 李长冬. 抗滑桩与滑坡体相互作用机理及其优化研究 [D]. 武汉：中国地质大学, 2009.

[238] 贾雨欣, 王焕, 黄海峰, 等. 三峡库区树坪滑坡应急治理效果评价[J]. 山东交通学院学报, 2019, 027(004): 46-53.

[239] 易庆林, 文凯, 覃世磊, 等. 三峡库区树坪滑坡应急治理工程效果分析[J]. 水利水电技术, 2018, 49(11): 168-75.

[240] 胡新丽, 唐辉明, 李长冬. 三峡库区兴山县金乐滑坡高密度电法等综合勘查及稳定性评价;[C] 第二届环境与工程地球物理国际学术会议论文集. 北京：中国地球物理学会.

[241] 龚平玲, 邓飞. 抗滑桩内力计算方法的探讨[J]. 地质装备, 2004, (04): 26-8.

[242] 王卓娟, 李孝平. 抗滑桩在滑坡治理中的研究现状与进展[J]. 灾害与防治工程, 2007, (01): 45-50.

[243] 徐文杰. 大型土石混合体滑坡空间效应与稳定性研究[J]. 岩土力学, 2009, 30(S2): 328-33.

[244] 常宏, 王旭升. 滑坡稳定性变化与地下水非稳定渗流初探——以三峡库区黄蜡石滑坡群石榴树包滑坡为例 [J]. 地质科技情报, 2004, (01): 94-8.

[245] 唐辉明. 工程地质学基础 [M]. 北京：化学工业出版社, 2008.

[246] PINYOL N M, ALONSO E E, COROMINAS J, et al. Canelles landslide: modelling rapid drawdown and fast potential sliding [J]. Landslides, 2012, 9(01): 33-51.

[247] 《土工试验方法标准》GB/T 50123: [S]. 北京: 中国水利水电出版社, 2019:

[248] MATERIALS) A A S F T A. Standard test method for direct shear test of soils under consolidated drained conditions: D3080/D3080M: [S]. West Conshohocken: PA: Am Soc Test

Mater, 2011:

[249] SOCIETY) J J G. Deformation and strength of coarse aggregates: [S]. Japanese: 1986:

[250] LI Y, WEN B, AYDIN A, et al. Ring shear tests on slip zone soils of three giant landslides in the Three Gorges Project area [J]. Engineering Geology, 2013, 154: 106-15.

[251] GUTIéRREZ F, LUCHA P, GALVE J P. Reconstructing the geochronological evolution of large landslides by means of the trenching technique in the Yesa Reservoir (Spanish Pyrenees) [J]. Geomorphology, 2010, 124(3-4): 124-36.

[252] JIAN W, WANG Z, YIN K. Mechanism of the Anlesi landslide in the three gorges reservoir, China [J]. Engineering Geology, 2009, 108(1-2): 86-95.

[253] GU D M, HUANG D, LIU H L, et al. A DEM-based approach for modeling the evolution process of seepage-induced erosion in clayey sand [J]. Acta Geotechnica, 2019, 14(6): 1629-41.

[254] CHEN M-L, LV P-F, ZHANG S-L, et al. Time evolution and spatial accumulation of progressive failure for Xinhua slope in the Dagangshan reservoir, Southwest China [J]. Landslides, 2018, 15(3): 565-80.

[255] TIWARI B, LEWIS A. Experimental modelling of seepage in a sandy slope [M]. Landslide Science for a Safer Geoenvironment. Springer. 2014: 109-15.

[256] DENG H, WU L, HUANG R, et al. Formation of the Siwanli ancient landslide in the Dadu River, China [J]. Landslides, 2017, 14(1): 385-94.

[257] WANG G-J, XIE C, CHEN S, et al. Random matrix theory analysis of cross-correlations in the US stock market: Evidence from Pearson's correlation coefficient and detrended cross-correlation coefficient [J]. Physica A: statistical mechanics and its applications, 2013, 392(17): 3715-30.

[258] MASSEY C I, PETLEY D N, MCSAVENEY M. Patterns of movement in reactivated landslides [J]. Engineering Geology, 2013, 159: 1-19.

[259] ITASCA. UDEC Version 4.0 Universal Distinct Element Code [J]. Itasca Consulting Group, Inc, 2004.

[260] 顾东明. 三峡库区软弱基座型碳酸盐岩反倾高边坡变形演化机制研究 [D]; 重庆大学, 2018.

[261] WANG H, CHANG X L, ZHOU W, et al. Distinct Element Method for Analyzing the Stability of Gravity Dam Against Deep Sliding Based on Fluid-solid Coupling [J]. Journal of Sichuan

University, 2010.

[262] WITHERSPOON P A, WANG J S, IWAI K, et al. Validity of cubic law for fluid flow in a deformable rock fracture [J]. Water resources research, 1980, 16(6): 1016-24.

[263] 代贞伟. 三峡库区藕塘特大滑坡变形失稳机理研究 [D]. 西安：长安大学, 2016.

[264] 黄达, 匡希彬, 罗世林. 三峡库区藕塘滑坡变形特点及复活机制研究 [J]. 水文地质工程地质, 2019, 46(05): 127-35.

[265] HUANG D, LUO S-L, ZHONG Z, et al. Analysis and modeling of the combined effects of hydrological factors on a reservoir bank slope in the Three Gorges Reservoir area, China [J]. Engineering Geology, 2020, 279: 105858.

[266] LUO S-L, HUANG D. Deformation characteristics and reactivation mechanisms of the Outang ancient landslide in the Three Gorges Reservoir, China[J]. BULLETIN OF ENGINEERING GEOLOGY AND THE ENVIRONMENT, 2020.

[267] GUGLIELMI Y, CAPPA F, BINET S. Coupling between hydrogeology and deformation of mountainous rock slopes: Insights from La Clapière area (southern Alps, France) [J]. Comptes Rendus Geoscience, 2005, 337(13): 1154-63.

[268] GISCHIG V, PREISIG G, EBERHARDT E. Numerical investigation of seismically induced rock mass fatigue as a mechanism contributing to the progressive failure of deep-seated landslides [J]. Rock Mechanics and Rock Engineering, 2016, 49(6): 2457-78.

[269] NIBIGIRA L, HAVENITH H-B, ARCHAMBEAU P, et al. Formation, breaching and flood consequences of a landslide dam near Bujumbura, Burundi [J]. Natural Hazards and Earth System Sciences, 2018, 18: 1867-90.

[270] CHEN W, KONIETZKY H. Simulation of heterogeneity, creep, damage and lifetime for loaded brittle rocks [J]. Tectonophysics, 2014, 633: 164-75.

[271] 匡希彬. 三峡库区藕塘滑坡复活机制及治理措施研究[D]. 重庆：重庆大学, 2019.

[272] 汪斌, 唐辉明, 朱杰兵,等. 考虑流固耦合作用的库岸滑坡变形失稳机制 [J]. 岩石力学与工程学报, 2007, 26(S2): 4484-9.

[273] JIANG J, EHRET D, XIANG W, et al. Numerical simulation of Qiaotou Landslide deformation caused by drawdown of the Three Gorges Reservoir, China [J]. Environmental Earth ences, 2011, 62(02): 411-9.

[274] TOMáS R, LI Z, LIU P, et al. Spatiotemporal characteristics of the Huangtupo landslide in the Three Gorges region (China) constrained by radar interferometry[J]. Geophysical Journal

International, 2014, 197(01): 1-21.

[275] TOMáS R, LI Z, LOPEZ-SANCHEZ J M, et al. Using wavelet tools to analyse seasonal variations from InSAR time-series data: a case study of the Huangtupo landslide [J]. Landslides, 2016, 13(03): 437-50.

[276] 孟蒙. 三峡库区塔坪滑坡机制及变形预测研究[D]. 重庆：重庆大学, 2017.

[277] SCHULZ W H, SMITH J B, WANG G, et al. Clayey landslide initiation and acceleration strongly modulated by soil swelling [J]. Geophysical Research Letters, 2018, 45(04): 1888-96.

[278] TU G, HUANG D, HUANG R, et al. Effect of locally accumulated crushed stone soil on the infiltration of intense rainfall: a case study on the reactivation of an old deep landslide deposit [J]. Bulletin of Engineering Geology and the Environment, 2019, 78(07): 4833-49.

[279] ROSONE M, ZICCARELLI M, FERRARI A, et al. On the reactivation of a large landslide induced by rainfall in highly fissured clays [J]. Engineering Geology, 2018, 235: 20-38.

[280] STARFIELD A M, CUNDALL P. Towards a methodology for rock mechanics modelling; proceedings of the International Journal of Rock Mechanics and Mining Sciences & Geomechanics Abstracts, F, 1988 [C]. Elsevier.

[281] WU J-H, LIN W-K, HU H-T. Post-failure simulations of a large slope failure using 3DEC: The Hsien-du-shan slope [J]. Engineering geology, 2018, 242: 92-107.

[282] FARINHA M, LEMOS J, MARANHA DAS NEVES E. Numerical modelling of borehole water-inflow tests in the foundation of the Alqueva arch dam [J]. Canadian geotechnical journal, 2011, 48(1): 72-88.

[283] FRANCIONI M, SALVINI R, STEAD D, et al. A case study integrating remote sensing and distinct element analysis to quarry slope stability assessment in the Monte Altissimo area, Italy [J]. Engineering Geology, 2014, 183: 290-302.

[284] ITASCA. Version 4.1 3-Dimensional Distinct Element Code [J]. 2008: Itasca Consulting Group, Inc.